# 会社を変えるということ

## 社員と企業が成長し続ける
## シンプルな本質

福士博司



ダイヤモンド社

# はじめに

## 優秀な人財は多いのに、なぜ業績は下がるのか

私が味の素に入社したときから副社長になるまで、社内で出会ってきた多くの人財は、間違いなく優秀でした。（本書では「人材」は重要な財産であると考えているため、「人財」と表記しております）

しかし、当時の味の素では、そんな個々には優秀であるはずの人財が、会社の一部である組織・会社員となった瞬間に、忖度《そんたく》文化に縛られて仕事をするようになっていました。当然、本来持っている力量も発揮することはできません。

日本の伝統企業にありがちなこの風景を新入社員から垣間見てきた私は、役員になったころから、味の素の経営は、いつ衰退の危機に陥っても不思議ではないと感じるようになりました。

その悪い予感は当たってしまい、私が副社長になった2019年ごろにはすでに、株価

が連続で下降していたのです。大きな原因は、隆盛を極めていた食品部門のパフォーマンスが低下していたことで、まさに社内には停滞ムードが漂っていました。

ただ、100年以上の歴史を持つ味の素のなかでもインパクトの大きかった株価の低迷は、むしろ味の素が復活する大きなきっかけにもなり、結果として、大胆な変革を実行することができたのです。

味の素ではさまざまな施策を行ってきましたが、変革に成功した一番の要因は、企業文化・風土を変えたことだと感じています。

かつては、内向きで忖度文化が蔓延《まんえん》していた味の素の意識を前向きで自発的にしたことで、あらゆる施策が効果的に作用しました。もし、企業文化・風土を変えることなく、さまざまな取り組みをしていても「やったふり」で終わってしまい効果はそこまで大きくなかったでしょう。

どんなに優れた戦略があったとしてもその土台となる「企業文化」や「企業風土」を変えなければ意味がないと私はキャリアを通して強く感じることができました。

## ◉——異質な2人が、ともに見た「夢」

私は、入社時から味の素のことが大好きでした。そのため、会社をよくしようと、自分が疑問に思ったことや経営的によくないと感じたことには積極的に意見を言い、変革の仕掛け人として前向きに取り組んできました。

味の素のなかで多くの変革を実行した私ですが、順風満帆なキャリアだったかと言うとそんなことはありません。私は味の素のアミノサイエンス事業畑出身であり、主流である食品事業やコーポレート部門には、なかなか入り込めないキャリアを歩みました。そのため、主流派から見れば、私は畑違いの人であり、「異質」の人として見られていたのです。

そんな、葛藤と変革への情熱の双方を心に抱えながら、悶々としていた私でしたが、副社長として、当時の西井孝明社長と「会社を変える仕事」を成し遂げることができたのは味の素をよりよい会社にしたいという思いがあったからにほかなりません。

西井社長が私に求めたのは、自分の持っていない「異質」の経験と能力でした。つまり、主流ではなかったものの、会社への思いは誰よりも強かった私だからこそできる仕事だったのです。

人事部や食品部門など、いわゆる主流派出身の西井社長と私は、お互いに経歴も能力も異なる「異質の2人」でした。しかし、味の素をいい会社にしていきたいという「夢」は同じで、お互いを補完するだけでなく、非常に創造的で、大きな変革パワーを生み出すことができました。

味の素の大規模な変革は、同じ「夢」を見た、異質の「変革のペア」にしかできなかった仕事だったと思います。

具体的なことを本文に先駆けて少しだけお話しすると、この「変革のペア」が成し遂げた仕事は、パーパス経営とDXの導入により、味の素の企業文化・風土を変えたことです。

その経営成果は非常に大きく、2019年には1兆円割れしていた時価総額は副社長退任時の2022年に2兆円を大きく超え、翌2023年には3兆円超えを達成しました。また、PBR（株価純資産倍率）も1倍から3倍になりました。株価に関しては、2019年に1600円台だったものが、2023年には一時6000円を超えるまで上昇しました。

## 会社はリボンの裏表でできている

私は現役時代の後半から、社外取締役や顧問などの対外活動を積極的に始めました。そこでは、味の素で経験した「企業文化・風土を変えなければ、会社は衰退していく」という課題が、実はどの企業にも共通していることに気がつきました。

衰退していく会社が変えていかなければいけないのは、企業文化・風土ですが、究極はそれらを形成する「人」です。ここまで書くとすぐに、では人財育成か、人財登用か、リカレント教育か、リストラか、と想像される方も多いのではないでしょうか。しかし、そうではありません。

私がこの本でお伝えしたい大事なことは、人と企業の「夢」の持ち方についてです。読者の皆さんに、すばりお伺いします。

**皆さんの会社は、「夢」をお持ちでしょうか？　また、会社の仕事を通じて、働く皆さんの「夢」のたとえ一部でも実現できているでしょうか？**

会社はリボンの表と裏でできている

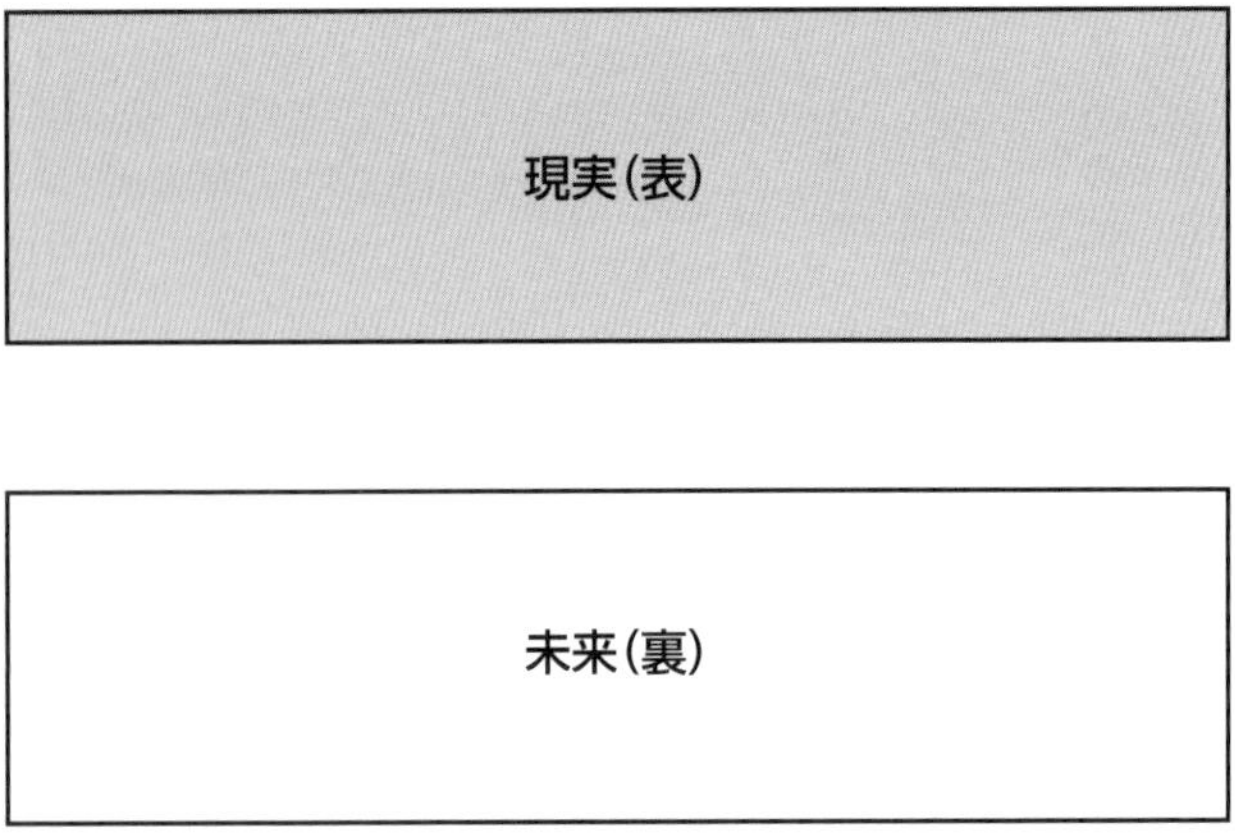


できている方の会社はすばらしいと思います。もし、できていないとすると、なにが問題なのでしょうか？

この本は、私が危機に瀕していた会社を通して「これが問題だ」と感じたことに対し、どのように変えてきたかをわかりやすくまとめた本です。読者の皆さんには、私の体験を本書によって、疑似体験していただき、皆さんの今後のキャリア形成や経営に生かしてほしいと考えています。

対象は、企業のトップから新入社員までそれぞれの視点で読めるように工夫してあります。

全編を通じて私が**読者の皆さんに、お伝えしたいのは、「夢の持ち方」とその実現の方法としての「変革」**です。

右の図をみてください。そして、ここに一本のリボンがあると想像してください。このリボンの表には現実、裏には未来が描かれています。現実と未来の双方を持つ、メタファーとしてのリボンです。

会社で仕事をしているときは、社長さんも役員以下の社員さんもほぼ毎日、極めて現実的にこのリボンの表しか見ていません。会社が順調に成長し、そこにいる社員さんもイキイキと働いているのであれば、そのまま、リボンの表を見ていればいいのです。

しかし、会社の未来が危ういと感じられるときはどうでしょうか？　どうも会社の方針は自分の考え方とはちょっと違うと感じられるときはどうでしょうか？　そのようなとき、現実は問題だらけに見えているはずです。

このようなときには、現実を全否定してリボンをひっくり返せばいいのでしょうか？　そんなことするくらいなら、そもそも会社をやめてしまえばいいのでしょうか？　実は、私も同じように会社の未来が危ないと感じたことがありました。しかし、会社をやめようと考えたことは一度もなく、三十余年、何度もこのリボンをひっくり返してみようと試みたのです。

ただ、残念ながら、なかなかうまくはいきませんでした。なぜなら会社、特に日本の伝統企業のリボンは、1人の人間がひっくり返せるほど軽々しくはないからです。

## ◉──大企業で起こった大どんでん返し

　このリボンをひっくり返そうとした私の典型的な失敗事例をご紹介します。私は事業部時代に事業部長でもないのに、グループ企業である関係会社の事業戦略をひっくり返そうとしたことがあります。なお、当時その会社の社長は味の素の役員が務めていました。つまり、私の大先輩です。

　その関係会社が相当の時間をかけて準備し、人員を新たに投入した戦略です。私が本社の事業部門に転入してくる以前から、何度も事業部門と折衝してつくり上げた肝入りの戦略とのことでしたが、転入してきたばかりの私から見ると、明らかに間違った戦略だったのです。

　実は、多くの事業部門の部員たちも、その戦略に賛同しかねていたのですが、そこは力関係で押し切られていました。そんな戦略がすでに一部、実行に移されていたのです。

　私は、いずれ事業部の部長になって、その事業部を立て直し、大きく飛躍させようという夢を持っていました。ですから一刻も早くこの戦略を撤回していただき、新たな戦略に切り替えないと事業全体が取り返しのつかない大失敗をすると感じていました。

そこで、私は事業部長以下、部員も巻き込んでの新戦略づくりに邁進しました。関係会社の社長が推し進める戦略の問題点を解析、指摘した上で、事業部門と関係会社が協調し、競争優位性を発揮できるような新戦略をつくり上げたのです。

そして、関係会社の事業戦略を白紙に戻していただき、新戦略への協力を求めるための対話集会を開催しました。当時、事業部長でもなく権限のない私がよくやるなと、自分でも思いましたが、それくらいの思い込みと夢があったため、自分のキャリアを懸けて集会に臨みました。

ところが、5分経っても、10分経っても、私の上司で本社役員でもある事業部長が出てきません。先方の関係会社の社長は、カンカンに怒りだしてしまいました。関係会社の社長さんは制度上、本社の事業部長の上司より格上の役員さんでしたので、当方の心情も穏やかではありません。

しかたなく、上司に電話をかけようとしたところ、20分後に事業部の部員1人を引き連れて、上司が現れたので、胸をなでおろしたのですが、なんと、その上司は、先方の社長の横に座り、「この案件、私は社長に賛同する。事業部の意見には反対だ」と言い放ったのです。

自分の上司が、いざというときに相手側に座り、しかも、部下である事業部の部員たちと反対の意見を言うとは……、私にとって天地がひっくり返るような衝撃でした。

まるで映画でも観ているような、現実とは思えない感覚です。「こんなことが、自分の会社で起こるのか？　信じられない」と心のなかで叫んでいる自分がそこにいました。

上司が集会に遅れてきたのは、懇意にしている部下に対して、なんでこんな集会を開いたのか？　とこんこんとお説教をするためでした。これは後日、そのお説教をくらった部員が教えてくれたことです。絵に描いたような大失敗でした。

その後、私は関係会社からも組合からも吊るし上げられ、大変な思いをしました。

それでも、自分のキャリアと事業部の「夢」を諦めきれなかった私は、新戦略の説明と実行の交渉をその後も粘り強く繰り返し、新戦略の実行をやり遂げ、その後の事業部の成長に繋げることができました。ただ、成果を出すまでに実に4年の月日を費やしました。

その成果もあって、私は本社の役員に昇任することができましたが、この関係会社の社長さんは、私の昇任に強く反対したとのことでした。それから10年以上経ち、この話を社内の友人にしたときに、まるで、『半沢直樹』のようだねと言われました。そのときにはじめて『半沢直樹』シリーズを見たのですが、似たような体験をした自分としては、「伝統企業のリボンの重たさ」と半沢直樹の熱い情熱について、大いなる共感を覚えました。

## 変革とは、夢見てリボンをねじること

このころ、かつて全社の足を引っ張っていたその事業部は、復活を遂げるだけでなく、全社をけん引する成長ドライバーとして注目を浴びるまでになっていました。

さらに、嬉しいことは続きます。そのときの関係会社の社長さんや元上司は、満面の笑みを浮かべて私を受け入れてくれるようになっていたのです。それほどにこの成功は大きなものでした。

このように、私はリボンをひっくり返そうとして一度大失敗しましたが、最終的には成功することができました。のちに、その理由を考えてみたのです。

そこで、私にひらめいたのは、「そうか、**リボンはひっくり返してはいけないんだ、ねじるべき**なのだ」ということです。

それが、次ページの図です。リボンをひっくり返すのではなく、「ねじること」で、未来を拓きつつ現実とのバランスも取ることができます。

この図だと、現実的な視野から未来を見ることができます。それを可能にするのが、リボンを「ねじる」操作です。メビウスの輪をご存じの方もいるかと思いますが、このリボ

リボンはねじるべし

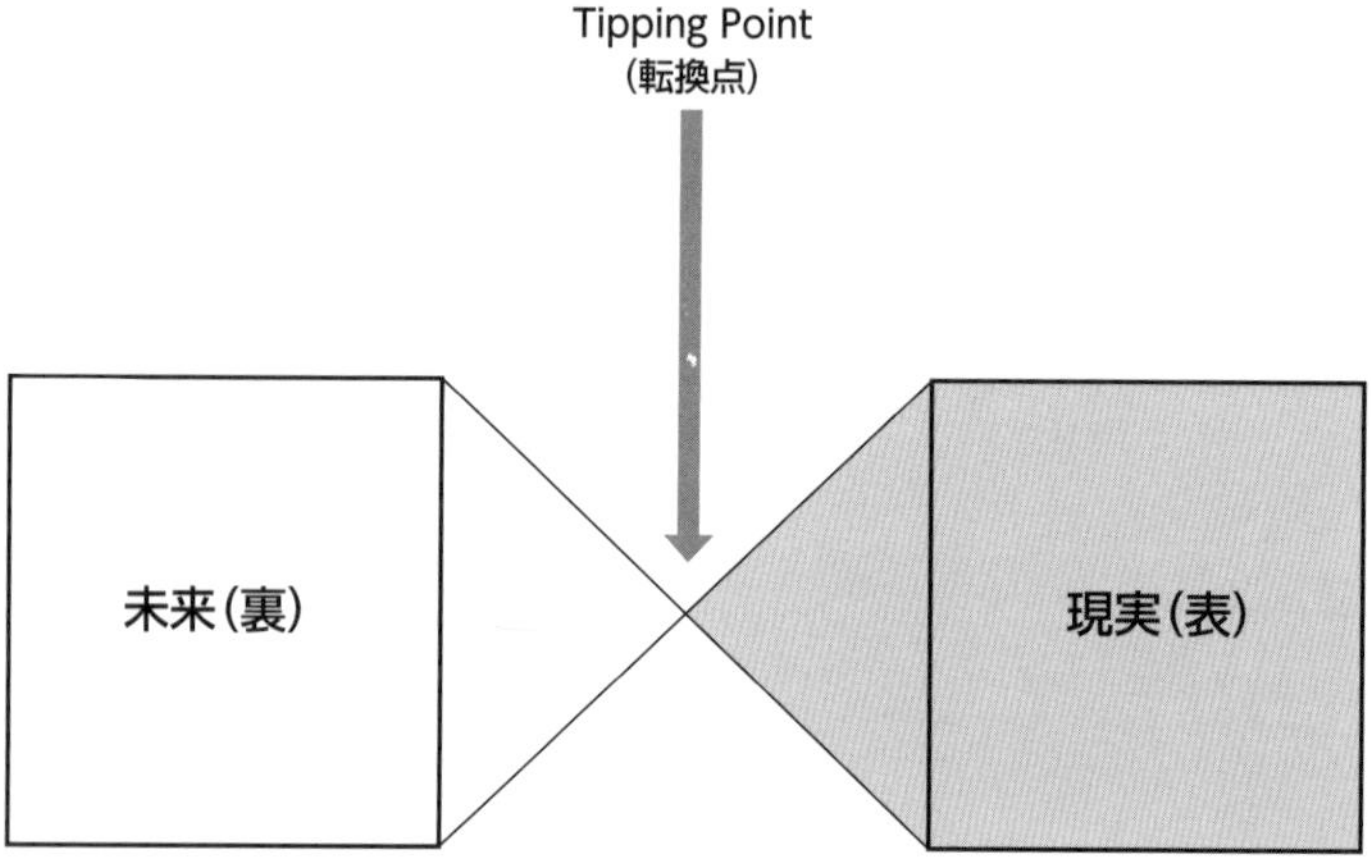


ンのねじれは、メビウスのねじれであり、現実的なスタンスから次元の違う未来を見ることを可能にしてくれます。

では、この「ねじれ」の持つ、仕事上の意味はなんでしょうか？

それは、**現実の仕事のやり方を少しずつ修正しながら、ある転換点を迎えると未来の仕事のやり方に変わっていくポイントがある**ということです。

未来の仕事のやり方は、現実の仕事を見直すなかで、突然小さく（限りなくゼロに近く）生まれ、時間経過とともに大きくなっていきます。これはまさに、仕事のやり方が未来形に変わっていくことを表しています。メビウス的には、現実と未来が入れかわる瞬間は次元が変わる転換点でありますす

「ねじり」を前に進め続ける

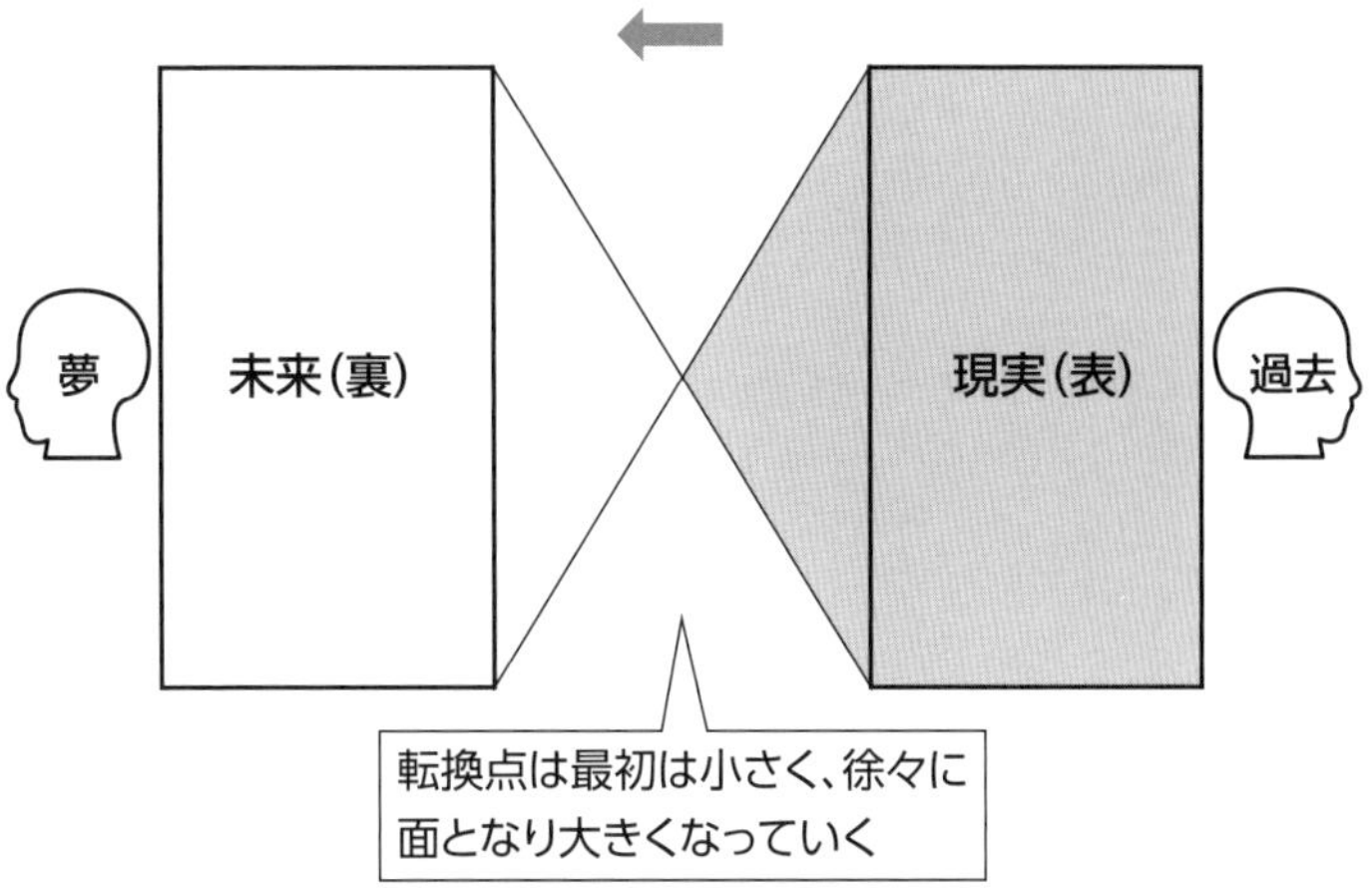


が、現実社会に生きる我々には、いつどこが次元の転換点であるかは、なかなか認識できません。

このポイントを本書では、Tipping Point（転換点）と呼びます。この**Tipping Pointをいかにしてつくるかが、「変革」で一番大切なこと**です。

私が関係会社の社長さんの戦略案を全否定して、変えようとしたとき、社長さんはカンカンに怒りましたし、私の上司も怒りに同調してしまいました。そして、結果として、戦略を変えることはできずに大失敗したのです。

大失敗の原因は明らかで、彼らには、私の見ている「夢」や「未来」が最初は見えていなかったからです。あるいは、そんな

「夢」は現実的でないと考えていたのだと思います。

しかし、その後の地道な説得と段階的に取り組んだ小プロジェクトの成功の積み重ねが、既存の事業にねじれを生み出し、最初は小さかったねじれが大きくなっていくと、ねじれをつくりだした人間以外にも未来が徐々に見えるようになります。そして少しずつ変革の賛同者に変わっていくのです。

この変革のねじれが次元の転換点であるTipping Pointを越えると、大きな「うねり」となり、もう誰にも止めることはできなくなります。すなわち、変革によって、「未来を拓く」ことができるようになるわけです。

## 夢を公言することから始めよう

会社の未来を拓くことを宿命づけられた会社のリーダーたちは、会社のあるべき未来を見つめ、転換点を自ら作り出すべく、現状にねじりを加え続け、未来に向かっていかなければいけないと私は考えています。

大変な仕事であることは間違いありませんが、ここには秘訣があります。それは、夢を見続けることです。会社や組織には、過去への逆行、すなわち「ねじり戻し」の力学が働くことがしばしばあります。しかし、そんなことで簡単に夢を捨てるようでは、真のリーダーにはなれません。

私の経験では、個人も、個人からなる組織も、その組織からなる会社（事業）も、過去と現実のみを見がちです。しかし、それだとその裏に隠れている未来が隠れたままで、姿が見えてきません。

その隠れた未来を現実の目に見えるかたちにするためには、個人が夢を見て、自分のキャリアの磨き方、仕事のやり方にねじりを加える必要があるのです。

**成長する会社では、個人と組織、そして、会社（事業）の夢がそれぞれに多少の差はあれど、同心円となっていきます。これが真のパーパス経営です。**

読者の皆さんは、ぜひ、夢を個人のなかに秘めるだけでなく、夢を公言し、ご自身の夢と同心円の組織、会社（事業）運営になるように心掛けてみてください。これまでとは違う次元で自分のキャリアや会社を見つめることができます。

会社のリーダーの皆さんには、言わずもがなのことではありますが、個人、組織、そして会社が同心円となるようなパーパスを掲げて、自らがけん引していただきたいと思います。

日本の企業、特に伝統企業は年功序列で、忖度や阿吽《あうん》の呼吸を重視するので、特に若い社員は、自分の夢を語りにくいかもしれません。

しかし、何度も言いますが、ねじれがない会社では未来は拓けませんし、自分の理想とするキャリアもつくれません。最初のねじれをつくるのは、もしかしたら会社のトップにしかできないかもしれません。しかし中堅や若い社員の皆さんも、夢を見てリボンをねじり続ければ、かつての私のように自分のキャリアや会社の未来が大きく拓けるはずです。

最初に繰り出す会社トップのねじれは、現実という暗い闇夜に沈む会社に、明るい光を当て、社員のやる気を大きく引き出します。

会社のトップの皆さん、特に社長さんには、ぜひ、このねじれの先頭に立って、会社に明るい光を当てていただきたいと思います。

もくじ

## 第一章　チームのための個人か、個人のためのチームか

## 第二章　目に見えない組織の力学を理解する



## 第三章　会社が目指すべき「北極星」を見つけ出せ

# 第二部　変革の夜明け

## 第四章　文化を変えると組織には新しい風が吹く

## 第七章 すべてのボーダーを超えていけ

# 第一部
# 真夜中の大企業

かつて、世界を席巻した多くの日本企業は今、暗闇のなかを歩いています。このような状況は私が就職したときからは想像もつきませんでした。

しかし、これは実際に目の前で起きていることであり、自分たちで解決できないわけでもありません。

日本企業が招いた問題の原因は、日本企業の内側にしかありません。しかも、その多くが、日本企業がＮｏ．１だったころの伝統が根です。

もちろん、伝統は悪いものではありません。

しかし、伝統に固執しすぎると、自分たちの会社が停滞していることに気がつかず、やがて世界から取り残されてしまいます。すでに日本企業は何周かの後れを取ってきました。

ですが、諦めるのはまだ早いでしょう。むしろ今が、日本企業にとってラストチャンスなのではないかと私は考えています。

ここでは、日本企業がどうして闇のなかを歩くようになってしまったのか、その原因を皆さんと探っていきたいと思います。

序章

# 副社長になった日

## 祝賀ムードなき副社長就任

味の素株式会社（以降　味の素）に技術系として入社した私は、副社長になるのが、入社以来三十余年間の大きなキャリア目標でした。実際に2019年に味の素の副社長に就任し、入社時から掲げていた目標を達成することができました。

通常であれば、この目標達成は非常に嬉しいはずです。ましてや、食品企業としては、日本では間違いなくトップクラスの企業で、グローバル展開もしている味の素の副社長になることは、非常に名誉なことには間違いありません。

しかし、副社長になる前から、味の素の経営の方向性に疑問を持ち始めていた私には目標達成を喜ぶ余裕はありませんでした。

なぜなら、少々大げさではありますが、副社長就任時には心身ともに味の素の変革に対して戦闘状態に突入していて、祝賀ムードには到底なれない心境だったからです。というのも、私は副社長に就任する2年ほど前から、当時の社長である西井孝明氏と全社の変革について、熱い議論を重ね、変革の実践を始めていました。そのため、副社長就任を喜ぶよりもこれからより一層変革を推進しなければいけないとすでに次の目標に意識が向いていたのです。

ここからは私が味の素に入社してから副社長になるまでどんなキャリアだったのか4つの段階に分けて皆さんに簡単に説明したいと思います。

**1　新卒入社時代**――大きな組織の壁にはね返される日々
**2　研究室長時代**――リーダーとしての目標を語る重要性への気づき
**3　事業部長時代**――組織の本質への挑戦
**4　副社長時代**――方向性を失う組織の旗振り役

あえて4つの時代に分けたのは、読者である皆さんに時系列を追って私と同じ視点を体験していただくことで、当時の味の素がどういった状況だったかを知ってほしいからです。

そうすることによって、読者の皆さんには傍観者ではなく、1人のビジネスパーソンとして会社が変わっていく瞬間とはどういうことなのかを感じてほしいと思っています。

本書は私の企業ノンフィクションではなく、あくまで実用書ですから、私の視点で会社を見ていただくことで、少しでも皆さんの気づきになるようなことがあれば幸いです。

それでは、1つずつ見ていきましょう。

## 登山ルートが決められた山登り――新卒入社時代

理系の学生として大学院を卒業後、私は味の素に技術者として入社しました。通常であれば、「晴れて一流企業に入社したぞ！」と思うのかもしれませんが、実は入社したその日から私には、なんとも言えぬ違和感がありました。

違和感の原因は、自分の将来の夢が持てないことでした。当時の味の素では、採用から引退に至るまでのキャリアパスは、技術系と事務系にはっきり分かれていました。

技術系は最後まで技術系で、研究所への配属に始まり、工場や生産技術部門を経験し、キャリアの最高の可能性は副社長というのが伝統的な暗黙の了解です。

## 入社したときからすでにキャリアのルートが決まっている

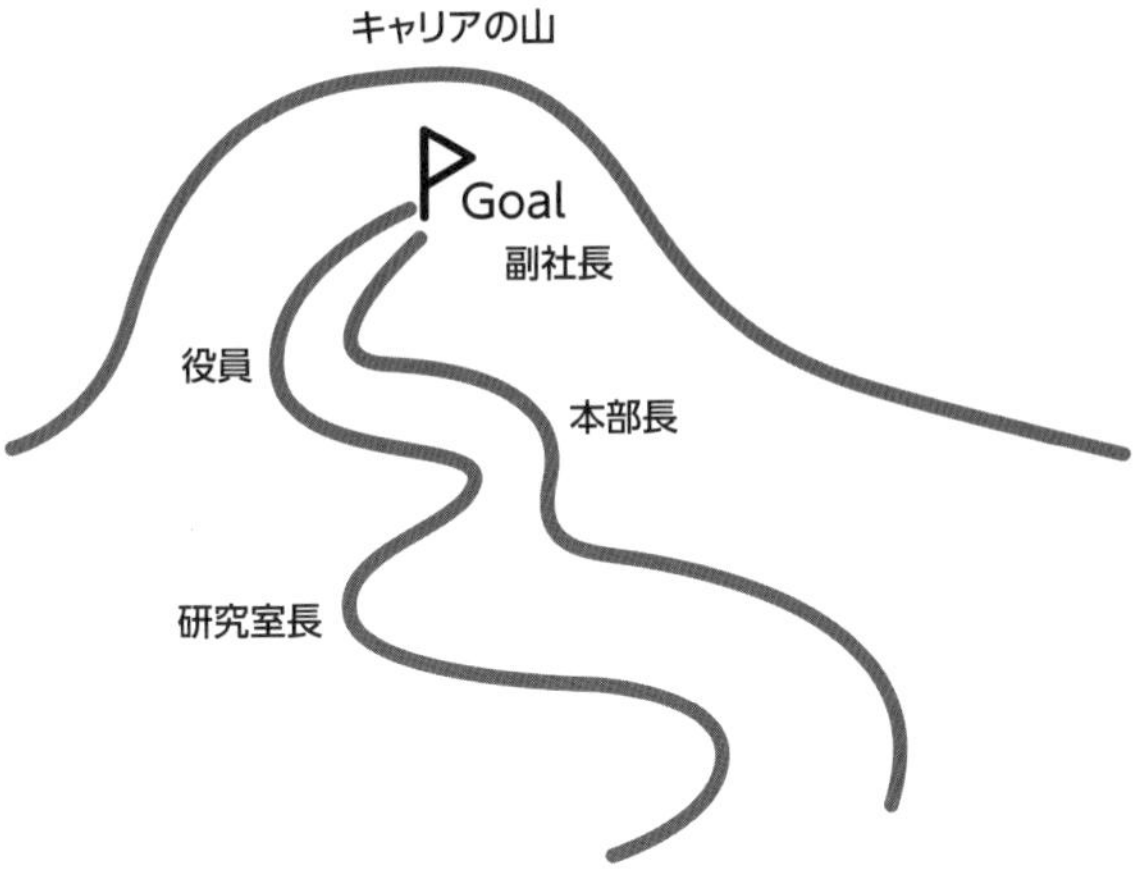


一方の事務系は、入社したら全員が営業に配属され、事業部門、本社スタッフを経験し、キャリアの最高の可能性は社長です。

実際に、過去の味の素では、技術系から社長が出たことはありません。歴代社長はすべて創業家か事務系です。そのため、入社したその日から、社員は事務系と技術系がそれぞれまるで別人種のように切り分けられ、処遇され、それが伝統的な当社の正しいやり方だという雰囲気がありました。つまり、**入社したその瞬間から私は自分が味の素で目指せるキャリアの限界を突きつけられた**のです。

入社日から、この雰囲気を新入社員が感じるほどですので、**伝統や組織文化、風土、そして、それらを背景とした人事制度とい**

**配属先の文化は主に4つに分けられる**

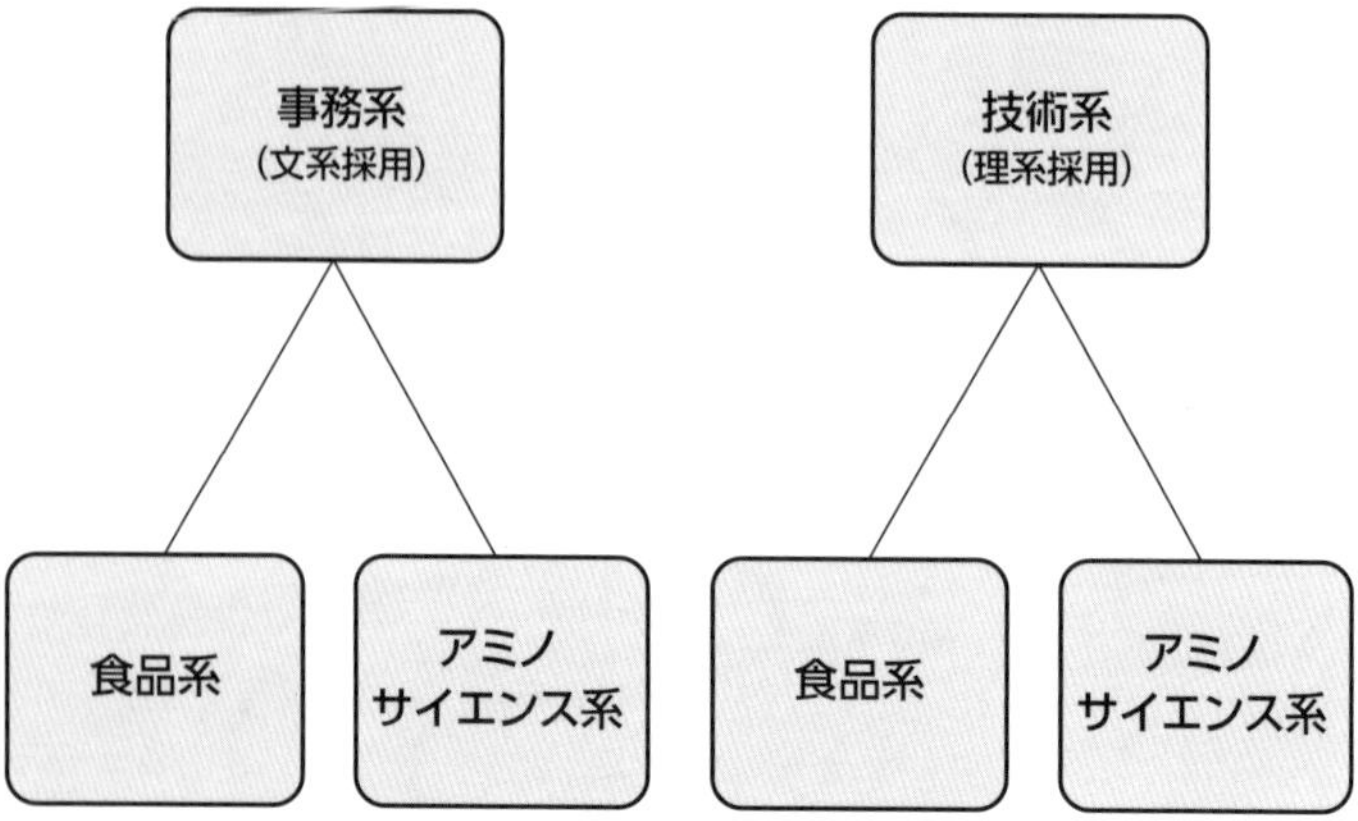


ルートごとで見えない序列が存在する

**うのは、実に大きく、企業全体の空気を支配する力がある**と言えるでしょう。

私はこの味の素の人事諸制度と組織風土に、入社したその日からなじめませんでした。

しかし、黙って従うのは好きではなかったので、入社以来、あらゆる論戦を社内で仕掛けてきたのですが、その後、社内経験を積むほどに、味の素には、いろいろなサブカルチャー（派生した組織各々の固有の文化のこと「組織に根づく空気」とも言えます）が存在することがわかってきました。

職種で分けると、事務系、技術系の2種類、そして事業で分けると食品系、アミノサイエンス系の2種類で、合計4種類のサブカルチャーがあることがわかりました。

事務系／食品系、事務系／アミノサイエンス系、技術系／食品系、技術系／アミノサイエンス系の4つです。（前ページ図）

しかも、役員の数などを見ると、それぞれに力関係があることにも、うすうす気がつくようになりました。ただの分類ではなかったのです。

このように、社内的な観察眼は、経験とともに養われていったものの、結局はなにもことを起こせないままいたずらに月日が経っていました。それが私の新人時代です。

## 組織に根づく空気への違和感――研究室長時代

技術系だった私のキャリアは、研究所からスタートしました。その後、日本およびアメリカでの製造技術部門と製造部門を一通り経験したことで、それなりに昇格もしました。技術系／アミノサイエンス系のサブカルチャーに属する人財のキャリアとしては順調なステップアップです。

しかし、自分としては経験を積むにつれて、ある悩みを持つようになりました。

それは、**次世代を担う若い人財も自分と同じように「組織に根づく空気」に違和感を抱**

**えたまま、悶々と過ごすようになってしまうのではないか**ということです。

そう思った私は、大胆な行動に出ることにしました。

あるとき、自分の専門分野の研究所の室長がローテーションすることになり、ついては、後任の立候補者を募集すると関係者に非公式なアナウンスがありました。

当時、研究所の室長を立候補者から選出するのは、前例がなく異例中の異例です。なぜなら、研究所の一室と言えども、その分野のトップは、それなりの研究分野での実績と評価が必要だからです。加えて、なによりも、先代や先輩らの目利き力によって評価、選出された人物でなければなりませんでした。つまり、従来の室長選出は「密室の議論」を経て決められるのが通例だったのです。

海外の企業では、部長や室長などのポストに空きが出ると、まずは社内公募を行い、該当者がいなければ外部から採用するというのが標準的な人財登用法です。しかし、日本では主流でなく、味の素も例外ではありません。公募システムは導入されたものの、まだまだ一般的ではないというのが現実です。

そんな背景もあるなか、研究所の室長に立候補した当時の私は、川崎工場の製造現場の課長職でした。

社内では研究とは程遠く、大胆すぎると思われたようです。実際に私と同じアミノサイエンス系の先輩格にあたる工場部長から「あなたのような人間が研究所の室長になるのは、ふさわしくない。○○君のような人こそふさわしい」と皮肉を言われたことを今でも覚えています。

偶然ですが、自分と技術分野は異なるものの、のちに、サイゼリヤ株式会社の社長となる堀埜《ほりの》一成《いっせい》氏が隣の研究所の室長として川崎工場から同時に異動してきました。

しかし、堀埜氏は、硬直的な人事諸制度と運用の味の素の経営に「夢」を感じられなくなり、その後、味の素をやめてしまいました。のちに社長になるような人物が会社をやめてしまうのは、どう説明してもいい人事制度、運用とは言えません。それほどまでに、味の素に根づく空気感は澱《よど》んだものになっていたのです。

とはいえ、そういった優秀な人財が会社を去っていくなか、私は味の素をやめる気はまったくありませんでした。

なぜなら、自分が感じた組織への違和感を解消し、次世代の人財を育成することこそ自分の役割なのではないかと考えていたからです。そのため、その役割を成し遂げるまでは必ず味の素に勤め続けると決めていました。今思うに、その覚悟があったからこそ、その後も絶え間なく押し寄せてくる多くの困難に立ち向かえたのではないかと感じます。

そんな困難がありながらも、なんとか室長になった私が最初に取り組んだことはキャリア面接です。この面接の目的は研究テーマや能力だけで社員を判断するのではなく、人物そのもののキャリア形成を支援することでした。

人物そのもののキャリア形成を支援するメリットは、主に2つあります。

## 1　社員のポテンシャルを引き出す機会になる

能力や経歴だけで社員を判断してしまう行為は、社員の成長に蓋をしてしまうことと同義です。仮に社員が「やってみたいこと」や「挑戦したいこと」を持っていたとしても、「経験がないから」という理由でその道を閉ざしてしまう可能性があります。

同時に、経験がないことにもチャレンジしてもらうことで、新しい才能が花開く可能性は大いにあり、個人にとっても組織にとってもメリットが非常に大きいです。

## 2　社員が自発的に行動できるようになる

能力だけで社員を判断してしまう組織では、社員はできることがほとんどなく、ただ会社に言われたままのキャリアを歩むしかありません。それでは社員は自発的に行動することに意味を見出せず、やがて会社からの指示を待つだけの歯車になってしまいます。

もう少し踏み込んで言えば、社員側は会社の言うことを聞いていれば安定した生活は送れるわけですから、積極性を持たずとも別にいいわけです。

どんなに優秀な人財が揃っていたとしてもこれでは組織の成長はありえません。

自分が研究室長になったからには、入社時のルートや能力だけで社員を判断しない組織をつくろうと考え、社員一人ひとりが自分のキャリアと向き合うきっかけを持てるようにしました。

## ◉──最初から社員に目標を聞いてはいけない

加えて、キャリア面接の際に自分に課していたルールが1つだけあります。それは、**自分の目標を先に伝えてから社員に目標を語りかけること**です。

よく聞く話として、キャリア面接の際に、「○○さんはどんな目標を持っているの？」と最初に質問してしまうことがあるかと思います。

社員の気持ちを尊重しているように感じるかもしれませんが、聞かれた社員は実は困っている場合がほとんどです。

なぜなら、**質問があまりにも漠然としすぎていて、どんなことを答えればいいかわからない上に、いきなり自分から腹を見せなければいけないことを強要されるから**です。

上司の考えがわからないなかで、キャリアについて語れと言われても、思っていることをそのまま伝えるのは非常に難しく、大抵の場合は、「少しでも会社に貢献できるよう頑張ります」と、それっぽい目標を言うのみで終わってしまいます。

ですから、そこで必要になるのは、面接をする**リーダーやマネージャーから先に自分の目標を語ること**なのです。

まずは自分から目標を明かすことによって、相手も自分に対して真剣に目標を語ってくれるようになります。私の場合は次のように宣言してからキャリア面接を始めていました。

**「私は、単なる技術系で終わるのでは満足できない。必ず経営者になって味の素を変える。それが私の目標だ」**

下手をすると、この人は、野心の塊と思われることになっていたかもしれません。

しかし、研究室員たちは上司のキャリア目標とその実現に対する努力に敬意を表してくれて、自分も目標に対して努力すると、胸を張って言ってくれるようになったのです。

こうして、私は夢や目標を持ち、それを正直に語れる組織をつくることができました。

ここでわかる通り、リーダーやマネージャーが最初にやらなければいけないことは、社員の目標を聞くことではなく、自分から目標を宣言することです。つまり、**自分のキャリアに対する考えをしっかり持って、見本にならねばならないのです。**

部下である社員は、なにも言いませんがリーダーの背中を見ています。一方的に目標を聞いてくるだけで、自分の目標を宣言できないリーダーには、残念ながら誰もついて行こうと思いません。

リーダーやマネージャーの言葉には、引力があります。なにかを命令せずとも自然と社員が頑張りたいと思えるような職場にするには、まずは自分が夢や目標を隠さずに伝えることがなによりも重要なのです。

もし、本書を手に取ってくださった読者のなかに、リーダーやマネージャーから目標を聞かれることが多いという方は、自分の目標を言う前に、リーダーやマネージャーに目標を聞いてみてください。

また、日本人は「謙虚であること」を好み、大人になると素直に自分の夢や目標を宣言

キャリア面接の作法

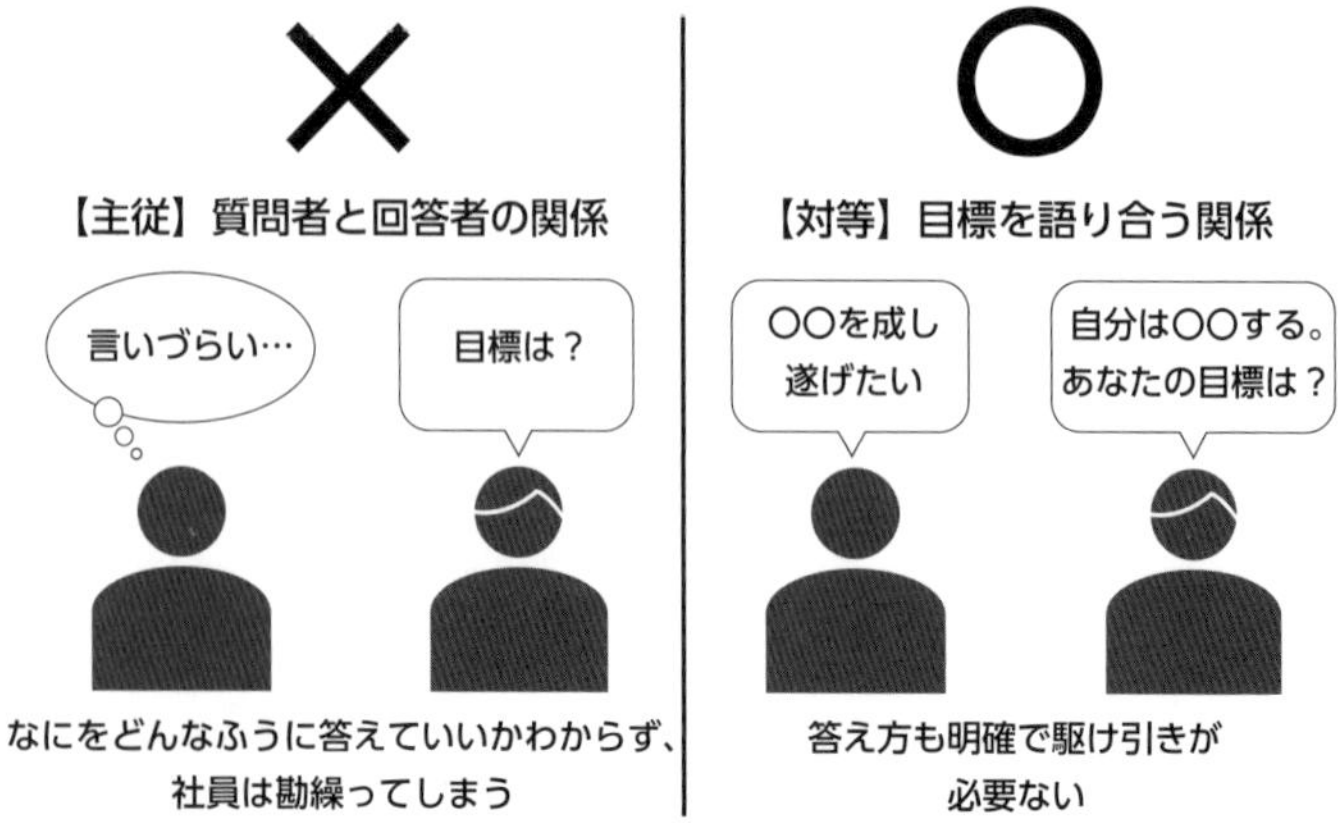
【主従】質問者と回答者の関係
言いづらい…
目標は？
なにをどんなふうに答えていいかわからず、
社員は勘繰ってしまう
【対等】目標を語り合う関係
〇〇を成し遂げたい
自分は〇〇する。あなたの目標は？
答え方も明確で駆け引きが
必要ない

リーダー、マネージャーは目標だけを聞いてはいけない

すると「世間知らず」「空気が読めない人」と見なされることがあります。まさに研究室長に立候補したときの私がそうでしょう。

夢や目標を語らないことが美徳とする雰囲気すらありますが、それでは大きな成長は見込めません。

加えて、「ここでは自分がやりたいことを胸を張って言ってもいい」「誰も自分の夢や目標に対して否定的なことを言ってこない」と部下が安心して働ける環境にできるかどうかは、優れた人事制度ではなく、リーダーが目標を宣言できるかどうかで決まるのです（上図）。そのことを私は研究室長時代に知りました。

## ◉──組織のルールを変えるだけではなにも変わらない

キャリア面談を始めて以降、研究室員と足並みを揃えることに成功した私が次に取り組んだことは研究室の公用語を英語にして、日本語を一切禁止したことです。

その理由はグローバル時代が目の前に迫っていたことにほかなりません。いきなりの導入でしたので、本来であれば非難を浴びるものです。

しかし、実際は研究室員と夢や目標を共有していたことが功を奏して、それが自分たちの成長に繋がるものであるならと、すぐに理解してくれたようです。

もちろん私から意図を説明することはありましたが、そんなことをしなくとも皆が意図を理解していたように感じます。全員が自分の成長に必要なことはなんなのかを理解することで、気がつけば変化に強い組織をつくることにも成功していたのです。これは大きな収穫でした。

当然、英語が苦手な社員もいましたが、私が大事にしていたのは英語が流暢に話せるかどうかではなく、英語でのコミュニケーションに慣れて、世界でも活躍できる人財になってもらうことです。

そのため、研究室内ではどんなにたどたどしい英語でも指摘することはしませんでしたし、世界で通用するビジネスパーソンになってもらうために、たくさんの失敗を経験してほしいと考えていました。

この経験を通して、研究室長時代に感じたことがあります。それは、**どんな小さな変化でも、組織はルールを変更するだけでは変わらない**ということです。

この英語の例の場合も、「今日から公用語を英語にする」とルールを変えただけではどうしてももじもじして話せない人が出てきます。失敗が恥ずかしいのです。どれだけ積極的に話をしようと伝えても、なかなかうまくいきません。正しい英語を正しい発音で言えないならば話さないと、口数が減ってしまうのです。

そこで私は、自分自身が、正しくない英語でもなるべく会話をするように心がけました。もしかすると間違った表現や発音があったかもしれませんが、それでも自分が見本になろうと考えたのです。

すると、私の間違いを見るようになってから、研究室員たちも積極的に英語を話すようになってくれました。時には間違うこともありましたが、それを誰も茶化すようなこともなく自然と研究室の公用語は英語になっていき、気がつけば活発な議論も英語でできる想像以上の組織が出来上がりました。

## ルール変更は氷山の一角に過ぎない

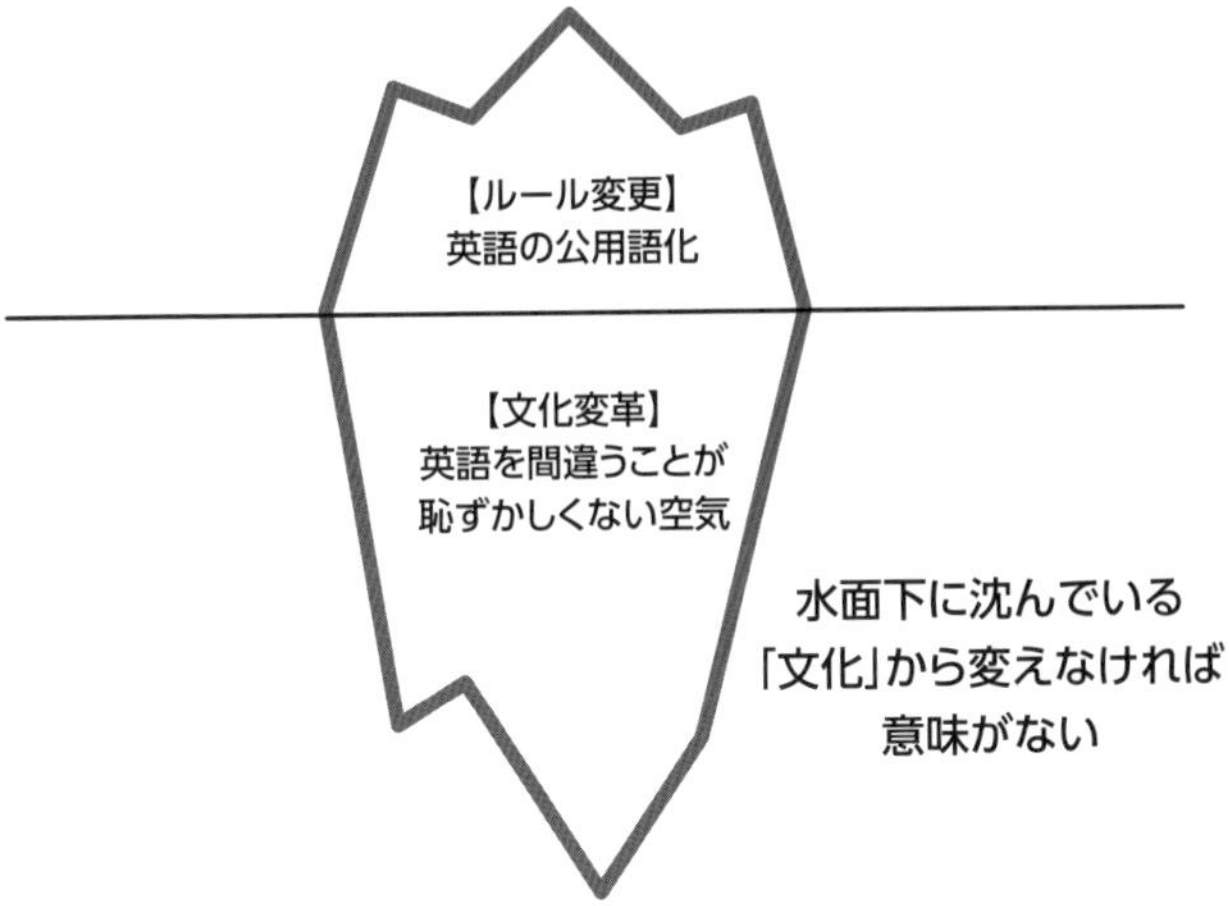
【ルール変更】
英語の公用語化
【文化変革】
英語を間違うことが
恥ずかしくない空気
水面下に沈んでいる
「文化」から変えなければ
意味がない

このときに感じたのは、英語が公用語になった安堵感もそうですが、**なによりも「文化」を変えることが組織にとって重要**ということでした。

会話ではなく教科書で英語を学んできた多くの日本人にとって、英語は間違ってはいけないという「正確さを競う学問」になってしまっています。そういった人たちに英語で話せと言ったところで、消極的になるでしょう。

ですから、ルール変更に加えて、こういった根底にある「英語は正しくなければならない」という考え方や「失敗を恐れる」文化そのものを変えなければいけないのです。いわば、ルール変更は目に見える氷山の一角だけを整えるだけで、本当にやらなければいけないのは、目に見えない文化を変えることです（前ページ図）。
私がこの経験を通して体験できたのは「英語の公用語化」ではなく、**「組織や人に根づく失敗を恐れる文化からの脱却」**だったと言えるでしょう。

## ◉――文化が変わると考え方も変わる

加えて、英語が公用語になって驚いたことが起きました。それは研究室員たちの思考も少しずつグローバル化されていったことです。どういうことか見ていきましょう。

英語でコミュニケーションを取る際の失敗は、言葉そのもののうまいへたではなく、「相手から目をそらす」「論理的な会話の流れから話をそらす」ことです。特にビジネスの世界ではこの傾向が顕著です。

英語は、ローコンテクスト（文化を背景とするニュアンスが少ない）の言語なので、相手の目を見て、1つずつロジカルに話さなければなりません。

対して、日本語はハイコンテクスト（文化を背景とするニュアンスが多い）言語なので、日本人相手なら、目をそらしたり、論理的でなかったりしても、お互いが空気を読み合うためさほど大きな問題にはなりません。

ところが、そのような文化を持たない相手との英語の会話で、日本語と同じことをしてしまうと人間的に信頼されなくなってしまいます。人間的に信頼されない人物が、ビジネスで信頼されるわけがありません。これが、日本人の陥りやすい英会話における本当の失敗です。

アメリカで30歳そこそこで仕事をして、散々苦労した私が、若手研究者に一番理解してほしかったのはこの点です。

ですから、研究室の英語での業務や議論では、常に相手の目を見てロジカルに議論することを求めました。先ほどお伝えしたしように、発音など二の次です。

加えて、数字で表すことのできる業務の報告では、必ず「次月度は、なにをどこまで進めるのか?」と聞き、いくら英語がうまくとも、あやふやな答えは決して許しませんでした。最初はベストを尽くします（I will do my best）という答えがほとんどでしたが、最後は全員が、なにをどこまで責任を持って進めると明確に答えるようになりました。

また、進捗に関して問題が発生しそうなときや助力が必要なときは、遠慮せずにはっきりと説明するようになりました。つまり、仕事に対する考え方そのものを国際仕様にしていくことに成功したのです。

当然、このような論理的な議論や会話の習慣は、英語を使うときのみではなく、日本語を用いて仕事をするときにも非常に役に立ちます。加えて、それを繰り返していけば「あいつは、なかなかできる。信頼できる」との評価にも繋がっていきます。実際に研究室員たちが私の研究室から異動になったときも、異動先で活躍できる人財になってくれたのは大きな喜びでした。

ちなみに、英語導入から20年以上たった現在も、その研究室の公式用語は英語です。20年で1世代とすると、実に2世代目に入ったことになります。日本人だけでも英語でやり取りするので、味の素グループに所属するアメリカ人も「この研究室とはコミュニケーションが非常に取りやすい。信頼できる」と感動しています。

現在では、多くの人財がその研究室から世界に羽ばたき、私の期待以上に活躍をしています。

## ◉——リーダーに必要なマインドセット

こういった経験を通して、研究室では自らの目標を宣言し、時代に適した変革をしてきました。ただ、忘れてはいけない重要なことは、私がこれまでの味の素にはいなかった事務系、技術系の棲み分けや枠組みを超えた経営者になると宣言したことです。

経営者になると宣言した以上は、やり遂げなければなりません。ましてや、研究室員たちは大きく成長してくれたわけですから自分はそれ以上に目標と向き合う必要があります。ですが、そこには自分が目標を達成するためのビジョンやイメージが必須です。

そこで私は、目標宣言をするのと同時に、自分が経営者になるイメージを持てるようあらゆる情報収集をしました。

なかでも、書籍を通して先人たちから学びを得られたことは多々ありました。ここで、私が自分のキャリアについて確信を持てたものを1つ紹介します。

それは1冊の書籍との出会いです。ご存じの方もいるかもしれませんが、ナポレオン・ヒルの『THINK and GROW RICH』（TarcherPerigee社・2005年）という書籍です。非常に薄い書籍で、英語の原著で読みました。邦訳版では『思考は現実化する』というタイトルで「きこ書房」から出版されています。

この書籍には、自分の「夢」を叶える秘訣が示されています。

それは実に簡単で、「寝ているときの夢に映像として出てくるまで、自分の夢を頭のなかで映像化し、そうなりたいと念じ続ける」という方法です。多くの人が、そんな簡単にいくわけがないと思うでしょう。当時の私も同じです。こんなことで理想とする経営者になることをイメージできるのだろうかと半信半疑でした。

とはいえ、やるだけやってみようと書いてあるように実践してみました。当然すぐに効果は出ません。それでも私はずっと頭のなかで自分が経営者になる姿を想像し続けました。すると、数カ月経ったころ、本当に夢に自分がイメージしている経営者としての姿が具体的な映像として出てくるようになったのです。

これには驚きましたが、さらに驚いたのは、自分の発する言葉に変化があったことです。先ほどの研究室員とのキャリア面接の際に、自分は経営者になるための努力をしていると無意識に言い切っている自分がいたのです。

意識せずとも言葉が出てくるのは、それだけ自分が経営者になる姿をイメージできているからにほかなりません。これは言い換えれば、目標を達成した姿を想像することが習慣化するくらいまで考え続けなければ、目標達成は到底叶わないということでもあります。もし、夢を実現するイメージが浮かんでこないのだとすると、それは考えている量が足りていないのでしょう。

『THINK and GROW RICH』の教えはシンプルながら、自分自身の目標と向き合うためきっかけになっただけでなく、実践すればするほど、自分に足りないものや自分に必要なものが見えてくる内省の時間を与えてくれました。

今でもこの教えを私は実践しており、目標を叶える大事な第1歩と位置づけています。

## 経営は経営ができる人がやるべし――事業部長時代

ここまでお話ししてきたように、研究室長時代にはそれなりに成功を収め、その後事業本部長となったアミノサイエンス事業本部でも、人事の考え方をすべて変え、大きな事業成果を出すことができた私ですが、それでも、その効果は事業本部内のみで、全社的な影響力は持てないまま入社から約二十余年が経過していました。

一時期、社内の閉塞感に苛《さいな》まれ、社内での議論に疲れ果てた私は外にヒントはないかと他社との情報交換に力を入れるようになりました。

しかし、他社との情報交換でも大きな気づきがあったわけではありません。多くの日本企業、特に伝統的な製造業では、事務系と技術系どちらが主役かの違いがあったとしても、構造自体は似たり寄ったりの人事制度でしたし、実際の運用も慣例・前例主義でした。

また、残念なことに、議論する相手も目に情熱が感じられず、諦め感に満ちた雰囲気が漂っていました。なにかヒントがあればと思って行動しましたが、逆に、こんなことで日本企業や製造業はいいのだろうかと、より悩みが深まるばかりでした。

そんなあるとき、私と同じ大学のラグビー部出身で当時の新日本製鉄に勤めていた後輩と、どういう人間がトップに就くべきかという議論をしました。例によって、味の素では、こうなんだけれどと、半分愚痴まじりに説明したのですが、後輩からはいきなり、こんなことを言われました。

**「そんなことは、当社ではとっくに議論済みだ。経営のトップである社長は、経営のできる人がなるべきだ。出身畑や事務系、技術系の入社などなにも関係ない」**

目からウロコでした。同時に、そんなことを後輩に言われるまで気がつかない自分に対して非常に情けない気持ちでした。

当時の私は、会社が出身畑で人事や組織を決めていることに拒否感を抱きつつも、これ以上は仕方がないことだともどこかで思っていたのです。頭ではダメなことだと思っていても半ば諦めてもいたとも言えるでしょう。

しかし、後輩の言葉のおかげで、目が覚めた私は自分が会社のためになると思うことは全力でやろうと、再び決意を固めました。

加えて、口だけで言っても一向に埒《らち》が明かないと思い、まず自分が技術系の人事の限界を打破し、ロールモデルになると決心しました。前述の研究所の室長時代に、42歳にして

ＭＢＡにチャレンジし、味の素をやめずにオンラインで4年かけて修士号を取得したのもその一例です。

20年以上前ですので、オンライン、パートタイムのみでＭＢＡを取得できる大学は多くなく、オーストラリアのＵＳＱ（サザンクイーンズランド大学）で4年をかけて取得しました。しかし、それだけでうまくいったわけでは当然ありません。私が、タイ味の素に出向していたときの話です。

当時は現地の関連会社3社を経営しながら、タイ味の素の取締役に就任した私は、ある事務系の事業部長クラスに「自分はＭＢＡを取得した。これを実践に生かすために、今後は事業系の仕事をしたい」と言ってみたところ、「そんなものは通用しない。それがどうした」と言われてしまいました。大変、つっけんどんなもので、がっかりというよりも、びっくりした記憶があります。

伝統企業の組織風土というのは、そのようなものかもしれません。努力する人に対する敬意よりも、人事諸制度や慣例のほうが重んじられる傾向があります。あるいは、自分たちの立場や権利が、新たなチャレンジャーによって侵されるといった間違った危機感を抱いているのかもしれません。

同様のことを技術系のメンバーに話してみても、「そんなことをしたら事務系に嫌われ

当時の味の素ではキャリア変更に大きな壁があった

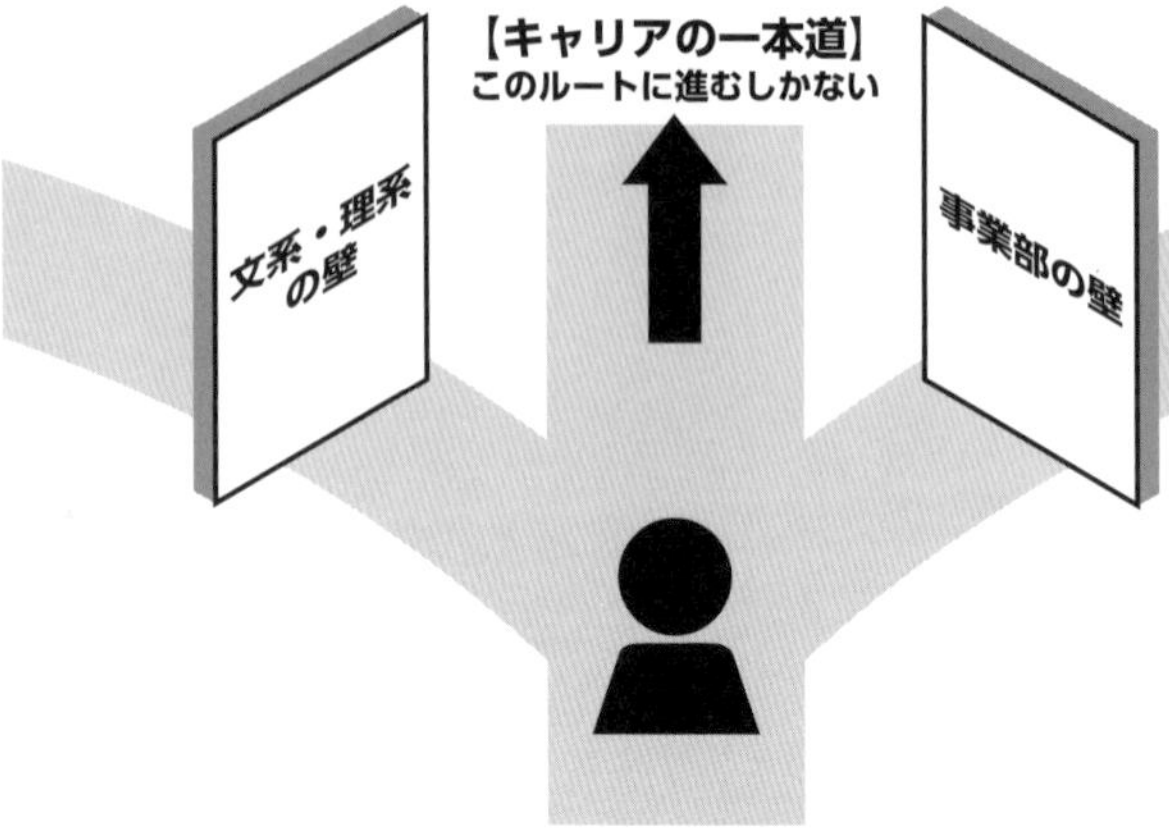


る」という発言や、「事務系に仕えてこそ、技術系が生きる会社だ。あなたの考え方は間違っている。あなたと同じようなことを言う人を何人か見てきたが、途中で全部つぶされた」というお叱りまでいただくこともありました。

その後も、社内で、種々の変革に取り組む度に、技術系という背景を持つ人間であることや主流部門の食品事業経験が少ないことから、恫喝《どうかつ》にも似た批判を受けたこともありましたし、常に生意気だと言われ続けてきました。

こうして見てみると、私がその時点で意識改革をできていたのは、結局のところ自分が指揮していた事業本部が限界で、全社的には、まだまだマイノリティだったのです。あらためて、自分のキャリアの前に立ちはだかる壁の高さを再認識させられました（右ページ図）。

ただ、**それでも、めげなかったのは、「経営のできる人間が経営をやるべきだ」という信念を持つことができたから**です。どんなにショックなことを言われても絶対に折れないと強い覚悟を持って、仕事に取り組むことができました。

## 企業が夢を失った30年——副社長時代

数年後に、私は副社長になりました。そのときに見えたものは、味の素のことのみならず、日本企業全体のことでした。そのときに感じていた違和感について、お話しします。

日本企業は、かつて時価総額世界トップ100に多くの企業が名をつらね、「JAPAN as No.1」と言われ称賛されました。当時は、私もアメリカ味の素に勤務しており、アメリカ人の日本企業を見つめる目が、なんで日本企業はこんなに好パフォーマンスなのか？　という感じで、羨《うらや》ましいというよりも、むしろ不思議がっていた記憶があります。

ところが、最近では、その日本企業が自ら、「失われた30年」と自嘲気味に話し、実際に、

## 1989年時の世界の時価総額ランキングトップ20

| 順位 | 企業名 | 時価総額（億ドル） | 国名 |
|---|---|---|---|
| 1 | NTT | 1,639 | 日本 |
| 2 | 日本興業銀行 | 716 | 日本 |
| 3 | 住友銀行 | 696 | 日本 |
| 4 | 富士銀行 | 671 | 日本 |
| 5 | 第一勧業銀行 | 661 | 日本 |
| 6 | IBM | 647 | 米国 |
| 7 | 三菱銀行 | 593 | 日本 |
| 8 | エクソンモービル | 549 | 米国 |
| 9 | 東京電力 | 545 | 日本 |
| 10 | ロイヤル・ダッチ・シェル | 544 | 英国 |
| 11 | トヨタ自動車 | 542 | 日本 |
| 12 | GE | 494 | 米国 |
| 13 | 三和銀行 | 493 | 日本 |
| 14 | 野村證券 | 444 | 日本 |
| 15 | 新日本製鉄 | 415 | 日本 |
| 16 | AT&T | 381 | 米国 |
| 17 | 日立製作所 | 358 | 日本 |
| 18 | 松下電器 | 357 | 日本 |
| 19 | フィリップ・モリス | 321 | 米国 |
| 20 | 東芝 | 309 | 日本 |

米ビジネスウィーク誌（1989年7月17日号）「THE BUSINESS WEEK GLOBAL 1000」をもとに作成

日本の1人当たりのGDPも世界30位以下に低落してしまっています。大変残念な事実でありますが、私は失われた30年とあたかも被害者のように、受け身で表現する経営者が好きではありません。

私は**日本企業にとってこの30年は「失われた30年」なのではなく、「夢を失った30年」なのではないかと考えています。日本企業は、自ら夢見ることを諦めた結果として、高い生産性や高パフォーマンスを失い、世界の最先端から大きく後退してしまった**のです。

その証として日本企業が技術的に世界に後れを取っていることはほとんどなく、むしろ技術以外のところ、すなわち、経済成長への夢の持ち方や成長戦略面で大きな差

## 2023年時の世界の時価総額ランキングトップ20

| 順位 | 企業名 | 時価総額(億ドル) | 国名 |
|---|---|---|---|
| 1 | アップル | 23,242 | 米国 |
| 2 | サウジアラムコ | 18,641 | サウジアラビア |
| 3 | マイクロソフト | 18,559 | 米国 |
| 4 | アルファベット | 11,452 | 米国 |
| 5 | アマゾン | 9,576 | 米国 |
| 6 | バークシャー・ハサウェイ | 6,763 | 米国 |
| 7 | テスラ | 6,229 | 米国 |
| 8 | エヌビディア | 5,728 | 米国 |
| 9 | ユナイテッド・ヘルス・グループ | 4,525 | 米国 |
| 10 | エクソンモービル | 4,521 | 米国 |
| 11 | ビザ | 4,518 | 米国 |
| 12 | メタ・プラットフォームズ | 4,454 | 米国 |
| 13 | 台湾積体電路製造 | 4,321 | 台湾 |
| 14 | 騰訊控股 | 4,239 | 中国 |
| 15 | JPモルガン・チェース | 4,135 | 米国 |
| 16 | LVMH | 4,125 | 米国 |
| 17 | ジョンソン&ジョンソン | 4,076 | 米国 |
| 18 | ウォルマート | 3,842 | 米国 |
| 19 | マスターカード | 3,376 | 米国 |
| 20 | P&G | 3,285 | 米国 |

Wright Investors' Service, Inc. のデータをもとに作成

が生まれています。

『THINK and GROW RICH』の重要性を説明しましたが、私がこのタイトルを邦訳するならば、「夢を実現し、豊かに成長しよう」になります。

夢を失った人間が、活力を失い、肉体的にも精神的にも落ち込んでいくのと同様に、企業も夢を失うと衰退の道をたどりはじめます。

そしてなにより、今振り返ると、当時の味の素の状況は、日本企業の共通の問題点である、夢を失った30年に大変近い状況になっていました。

5年ものあいだ、下降し続けた株価は、ついに30年前のレベルを想起させる162円(2019年)まで下がってしまい、時

## 下降線をたどる組織で見られる傾向

目指すべきゴールがわからない組織では、誰もがその場にとどまり「現状維持」を選択する

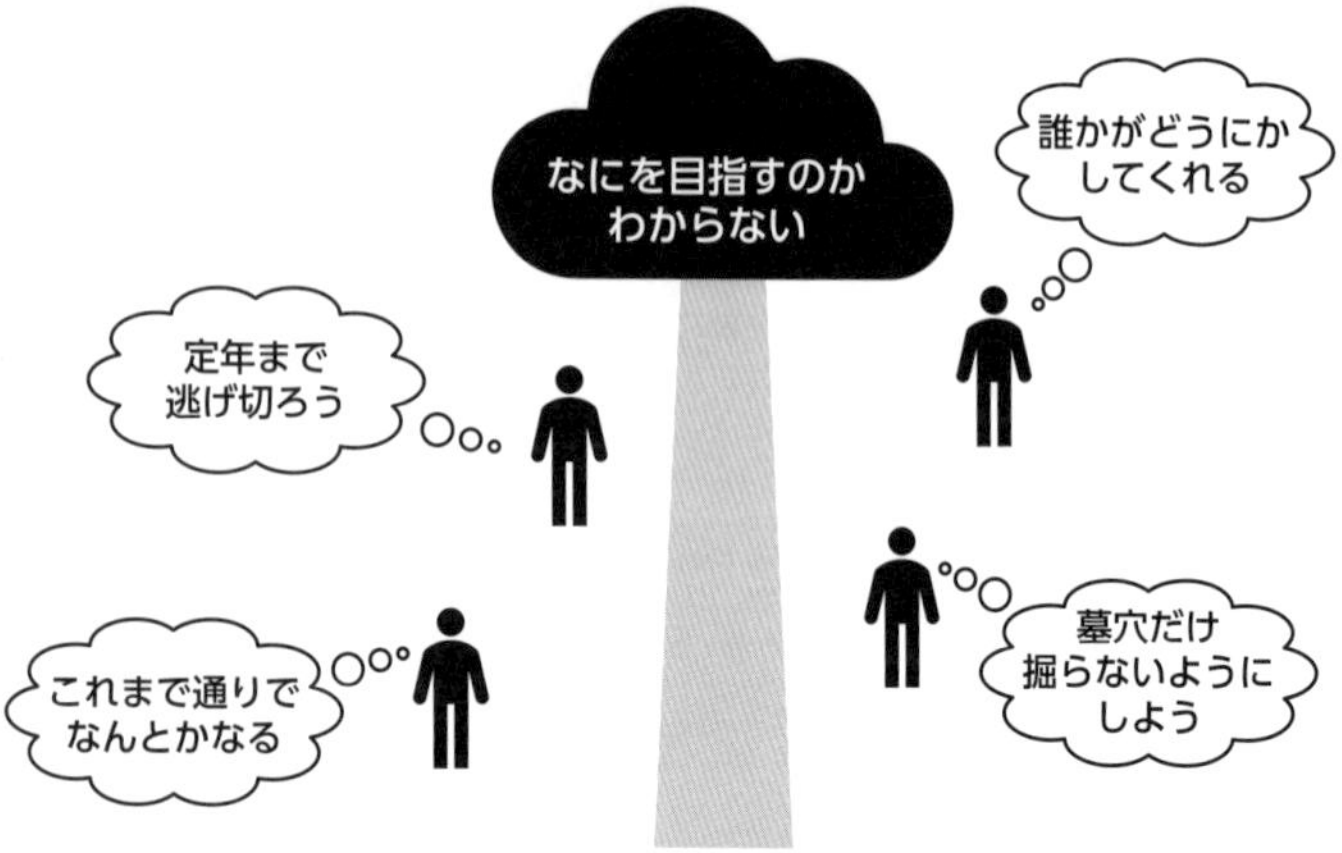
なにを目指すのか
わからない
誰かがどうにか
してくれる
定年まで
逃げ切ろう
墓穴だけ
掘らないように
しよう
これまで通りで
なんとかなる

価総額も同年に、2014年以来の1兆円割れを不名誉にも記録してしまったのです。

夢を失って、活力をなくした企業は、どんどん保守的になっていきます。（上図）

ことなかれ主義、前例主義が横行し、それを前提にする人事が幅を利かせるようになります。経営陣にも守旧派の人間が増え、あらゆることを根回しで決定し、侃々《かんかん》諤々《がくがく》の議論は避けられるようになります。

このような状態になってしまった企業に事業環境、経営環境の変化が訪れると的確な変化への対応能力を失った経営陣は対処できなくなり、企業のパフォーマンスは底なしに低落していきます。

カルチュア・コンビニエンス・クラブ代表取締役常務やカネボウ代表執行役社長な

## ダメな企業に共通する「衰退惹起サイクル」

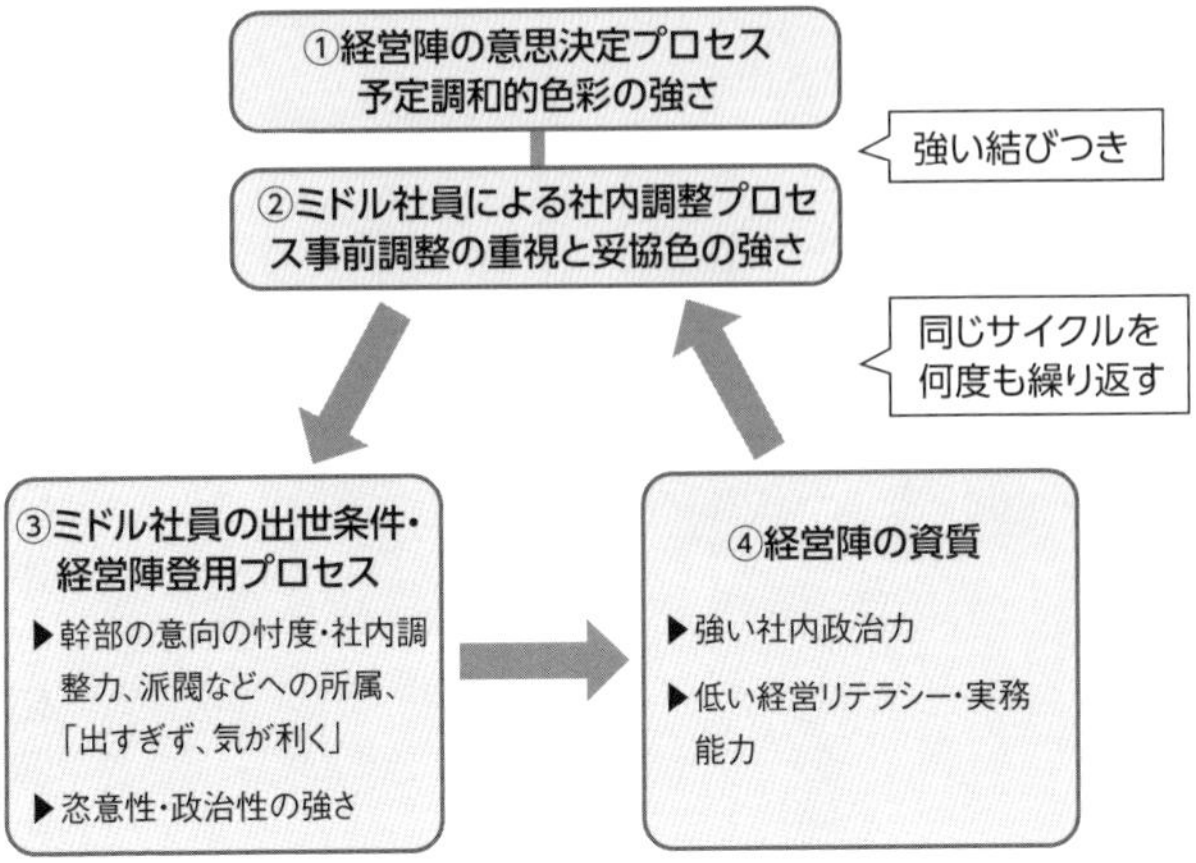


出所:『衰退の法則』(小城 武彦著、東洋経済新報社、2017年)をもとに一部加工

どを歴任した小城武彦氏は、著書『衰退の法則』（東洋経済新報社・2017年）のなかで、この日本企業に特徴的な共通の特徴を〝衰《すい》退《たい》惹《じゃっ》起《き》サイクル〟と表現しています。

これは要するに**「衰退する企業は同じような失敗のサイクルを持っている」**ということです。

当時、西井社長が率いる味の素の低パフォーマンスは、この日本企業に特徴的な問題である、衰退惹起サイクルによって引き起こされていたのでした。

上図を見てわかる通り、衰退企業が陥ってしまうこのサイクルに入ってしまうと、人は腐り、やがて組織も腐っていきます。

当然、会社が夢を持てるはずもなく、さらに衰退の一途をたどるようになるのです。

## 社員が道に迷わないように旗を掲げるのがリーダーの仕事

当時の味の素の状態を知った上で、副社長になった私が取り組んだことは、会社を変えることでした。当然、味の素入社以来、最大のミッションです。

そのために最も必要だったのは、経営陣の1人として社員に目指すべきゴールをしっかり示すことでした。前述した通り、当時の味の素はまさに方向性を失っていました。ですから、まずは自分が旗振り役として目指すべき方向を示すことを決意したのです。

近年、組織のあるべき姿としてリーダーやマネージャーと社員の関係はフラットであるほうがいいという考え方も生まれてきています。もちろん、そういった考え方を否定するつもりはありませんが、やはり**いつの時代もリーダーの仕事は変わりません。大事なのは、社員の道しるべとなること**です。

経営とは、マラソンに似ています。マラソンでは、先導者（ペースメーカー）が選手たちをけん引して集団はゴールへと進んでいくわけですが、これは経営でも同じです。リーダーが組織をけん引できないと、その背中を追いかけてくる社員は、いつ終わるか、どこがゴールなのかわからないマラソンをすることになります。当然モチベーションは下がり、

## 組織の先導はリーダーの仕事

旗振り役がいないと社員はあっという間に疲弊する

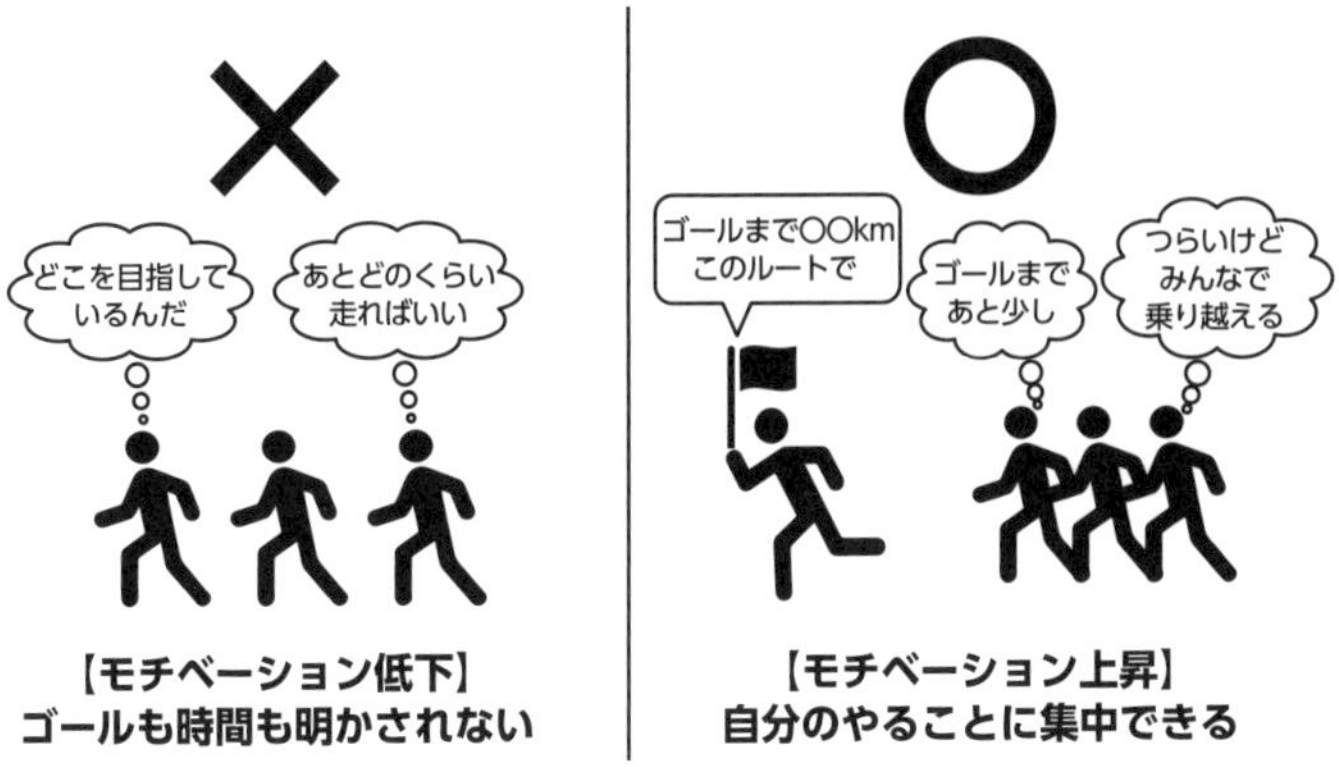


ダラダラと走ることになってしまうでしょう。

そうならないためにも、リーダーがゴールを示し、ルートを示し、ときに組織を鼓舞しながら前に進んでいく必要があるのです。（上図）

ここで強調したいのは、リーダーは、当時の私のように、主流派出身でなくてもいいという点です。場合によっては、経営の役職をまだ持っていない人でもいいのです。唯一の条件は、「リーダーの資質を持った人」であることです。

かつて、後輩から教わった「経営のできる人が、経営者になるべきだ」と同じで、経営に対して**熱意のある夢、目標を持っているのであれば、リーダーの資質を持って**

**いると言えます。自信を持って臆することなく、人の前を走るべき**でしょう。

## 全社の再生屋へ、そして日本企業の再生屋へ

冒頭からお伝えした通り、新入社員時代から大企業の壁にぶつかり続けてきた私ですが、どんなに立場が変わってもカギとなったのは、**組織文化や風土を丸ごと変える、すなわち「変革」すること**でした。

組織風土を丸ごと変えることで、衰退惹起サイクルを完全に脱却することができます。

とはいえ、実は私が副社長になるのは、私の計画よりも2年も遅れていました。理由は、OBを含め役員から多くの反対意見が社長に直接出されたからです。

具体的には、私のやり方が強引、食品事業の経験が少ない、先輩を先輩とも思わない生意気な態度、味の素の経営には向いていないタイプ、などの意見が多かったようです。

反対意見は、事務系だけからではなく、技術系からもあったとのことでした。つまるところ、出る杭は打たれるということであり、私は出すぎの杭でした。杭打ちする側は、OBまで連なり、社内の力学を代表する各サブカルチャーのトップたちでした。私にとって

は特段の驚きでもなく、やっぱりかと思いました。

そんな状況のなか、私が副社長就任時に感じた味の素の一番の問題点は、私が副社長に就任するまでの2年間、副社長を空席にして、守旧派たちが自分の都合のいいように味の素の経営を捻《ね》じ曲げ、改革派、変革派に対して無言のプレッシャーをかけ続けたことです。言うなれば、「伝統企業の陰の部分」とも言えます。

これをやられると、大抵の日本人は、押し黙るか、諦めてしまいます。そして、やがて守旧派に媚《こ》びへつらうようになり、人気取りに走ります。私が問題視したのは、この陰の部分をずっと見逃していた味の素のガバナンスの弱さでした。

今日的な企業のガバナンスのあるべき姿を考えると、とんでもないことと言えましょう。不幸にして、味の素に起こったことですが、味の素だけでなく、多くの伝統的な日本企業が陰の部分をいまだに抱えているのではないでしょうか？　そうだとすると、経営や組織変革は正面からチャレンジしなければならないというのが、私が長いキャリアを経験して学んだことです。

ここまでお話ししてきた通り、私には、いくら打たれても折れない目標がありました。また、どんなプレッシャーにも、怯えない勇気もありました。ただ、その勇気は自然と湧いてきたものではなく、味の素の経営は、経営ができる人間がやるべき。そういう経営に変えていかねば、会社としても個人としても、今後の成長はないという揺るがぬ信念があったからです。

そして、それを副社長として最初にやるのは、数多くのことを経験し、味の素の経営者として新しいロールモデルを目指している自分以外にはありえないという自負もありました。

思い返せば、このようにして、私の経営道は、味の素副社長就任をきっかけにして始まりました。本書では、私が多くのことを通して学んだ会社というものの本質と変革に必要なアプローチをまとめています。「うちの会社を変えていきたい」、「自分自身も成長していきたい」と考えている皆さんのお役に立てたら幸いです。

本書を通じて、少しでも多くの日本企業が元気になり、成長を取り戻すことが、私の現在の夢です。

サイドストーリー

## 名社長誕生の舞台裏

私がMBAを取得した当時の人事部には、その後、味の素の社長になる西井孝明氏がいました。MBAを取得したときに、事務系でただ1人、私をリスペクトしてくれた人でもあります。当時はメールのやり取りだけをする関係でしたが、人の努力に敬意を払える見識の高い人が味の素にもいるというのが、私にとっては救いであり、すばらしい発見でした。

のちに知ったことですが、西井氏はこのとき激務で倒れ、救急車で運ばれた経験をすでにしていたそうです。私は学生時代に、ラグビーの最中に脳震盪《のうしんとう》で倒れたことがありますが、仕事中に倒れたことはありません。

仕事で倒れてしまうほど、西井氏は人事部長として白い巨塔のように立ちはだかる、伝統的な味の素で変革を試み、孤軍奮闘し、挑戦していたのです。

その後、西井氏と再会したのは、お互いに常務執行役員に昇任し、数年経ったときです。私は当時、低パフォーマンスで問題視されていたアミノサイエンス事業本部長に指名され、悪戦苦闘をしながらも、なんとか再生・再成長の道を模索しはじめていたころでした。

一方、西井氏は、同時に昇任した常務のなかでは、海外経験がなかった1人でしたので、当時の伊藤雅俊社長の意向を受けて、ブラジル味の素の社長として、はじめての海外赴任をしていました。実は伊藤社長は、このときの常務昇任組から新社長を選ぶことをあらかじめ計画していたのです。

少々驚いたのは、そこからスタートしてたったの2年で、西井常務を自分の後継の社長として選んだことでした。

私は、社長レースにはまったく関係がなかったので、社長レースを非常に冷静に見ていました。経営会議で、伊藤社長が、「自分は退任する。ついては、後任者は西井常務を指名する」と言ったとき、同じ常務たちの顔には明らかな驚きと、落胆の色が見えました。

なぜなら、西井氏の社長抜擢は大きなサプライズだったからです。

当時、西井氏は常務として最年少でした。加えて海外経験も豊富なわけではありません。対して、伊藤社長は「真のグローバルカンパニーへ」「グローバルトップ10クラスの食品企業」と世界に挑戦することを掲げていました。

おそらく、同じ常務の先輩組は、海外経験が少なく、年齢も若い西井氏のことを少々格下に見ていたのでしょう。その証なのか、先輩組のなかには西井氏のことを「西井君」「西井ちゃん」と呼んでいる人もいました。

その人物が、社長に抜擢されたのですから、先輩たちは驚きを超えて、愕然としたのでしょう。例によって、マスコミは「△△人抜きの抜擢人事」とはやし立てました。伊藤社長のマスコミへの説明は、祝賀ムード満載でした。「西井新社長への内示は、クリスマスプレゼントとして、クリスマスイブに申し渡した。そのとき、なにも動じず、即答で社長就任を受け入れたので、私の見立て通りの人物だ」などと最大級の賛辞です。

西井社長は経歴も実に華麗で、味の素のエリートコースである人事部部長を経験し、食品分野でも、味の素冷凍食品担当時代に事業を急成長させたシンデレラストーリーを持っています。海外経験だけないのが唯一の弱点だったので、伊藤社長の肝いりで、ブラジル味の素を2年だけ経験させたのでした。その証拠に「最初から2年で帰って来いと言って、海外に出した」と伊藤社長はマスコミにコメントしています。

ところが、いくら優秀なシンデレラ社長でも、社長としての経営のかじ取りは簡単ではありませんでした、社長になって半年後くらいから、業績が直線的に下降しだし、4～5年間はこの低落を止めることができなかったのです。

ものすごいエネルギーとファイトの持ち主であることは、人事部時代の仕事への情熱や冷凍食品担当時代の実績から証明されたことです。なぜそんな人が、社長になった途端に業績が下がり続けたのか、本人も社長の側近人物たちも理解できずにあっという間に、4〜5年経ってしまったというのが実情だったと思います。社長就任時には、思ってもいなかった逆境だったはずです。普通の社長ですと、そのまま退任に追い込まれてしまったかもしれません。

しかし、西井社長はそこでへこたれませんでした。まるで、生まれ変わったかのように、自らの力で立ち上がって、極めて短期間で味の素グループを見事に再生していったのです。ある意味、最初の数年間の逆境は、本来の西井社長の持つポテンシャルを最大に引き出したとも言えましょう。それくらいタフな人物なのです。そこを見抜いていた当時の伊藤会長の選球眼は正しかったと言えます。

第一章

# チームのための個人か、個人のためのチームか

## 成功する組織が必ず持っている3つのカギ

企業は、課や部などの組織から成り立ちますが、そもそも組織はなんのために必要なのでしょうか?

意外と定義されることの少ない「組織の意義」について考えることから始めたいと思います。

**組織が必要な理由は、多様な個人が集まることで、個々の能力を足し算以上に引き出し、目的とする仕事を成し遂げるため**です。

逆に言えば、組織になったことで、個々の能力が制限されてしまうのであれば、それは組織としての意味がないと言えます。

もちろん、最初から完璧な組織などありません。大事なのは、スタート時点ではうまくいかずとも、しっかりと修正をしていき、最終的にメンバーの一人ひとりが１２０％の力を発揮できるようにしていくことです。

そんな強靱な組織をつくる上で欠かせないものが次の３つです。

**1　明確な目的設定と共有**

**2　メンバー構成**

**3　緻密な戦略**

この３つのうちの１つでも欠けるとその組織は中途半端なもので終わります。それぞれシンプルなものではありますが、シンプルがゆえに本質的です。私は、味の素で国内外を問わず多くの部署を経験し、さまざまな組織を見てきましたが、社員が力を発揮できる部署にはこの３つがすべて揃っていました。逆に、うまくいかない組織には、これらがありませんでした。

ですから、私はどの部署でも、この３つが揃っているか確認することから始めます。また、１つでも欠けているものがあれば、それを埋めることを最初の仕事にしています。

## 1:明確な目的設定と共有

組織の達成すべき目標を掲げること。ただ、目標には「抽象目標」と「具体目標」の2種類がある。

抽象目標とは、絶対に達成すべき大きな目標を指し、具体目標とはそれが達成されたときにイメージされる光景を指す。

例：ビジネス

抽象目標：売上：500億円

具体目標：メンバー全員が予算100%達成

例：スポーツ

抽象目標：リーグ優勝

具体目標：50得点以上、20失点以内

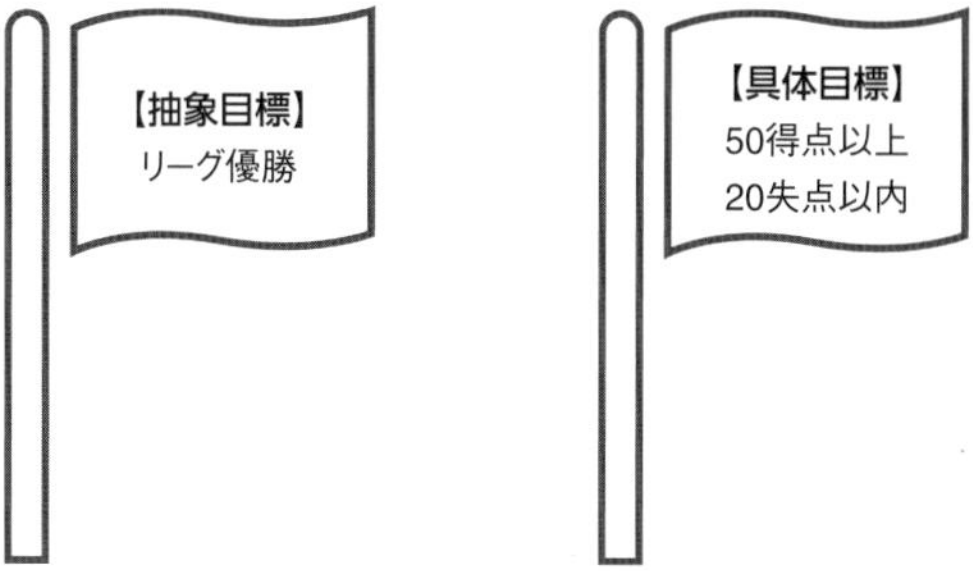

## 2:メンバー構成

組織のメンバー構成で重要なのは能力と熱意の両方が備わっているかどうか。どんなに能力が高くとも熱意がなければ戦力としては見込めない。

逆に、能力は多少劣っていても、熱意がある場合は、時間をかけて開花する可能性は多いにある。

また、能力というのは経歴のようなステータスだけで判断するのではなく、人間性などからも判断する必要がある。

経歴など明確に
評価できるもの

人間性など明確に
評価できないもの

## 3：緻密な戦略

原則はバックキャスティング。最初に掲げた目標から期間ごとに逆算をしていく。

戦略は組織に属するメンバーにとっての「地図」となる。そのため、曖昧なことは避け、誰にでも理解されるように策定すること。曖昧な戦略は道を尋ねられて「あっちの方」と答えるのに等しい。

また、大事なのは最初だけ戦略を立てるのではなく、定期的に戦略を見直すことである。

道半ばで散ってしまう組織の多くは戦略の見直しができていない。

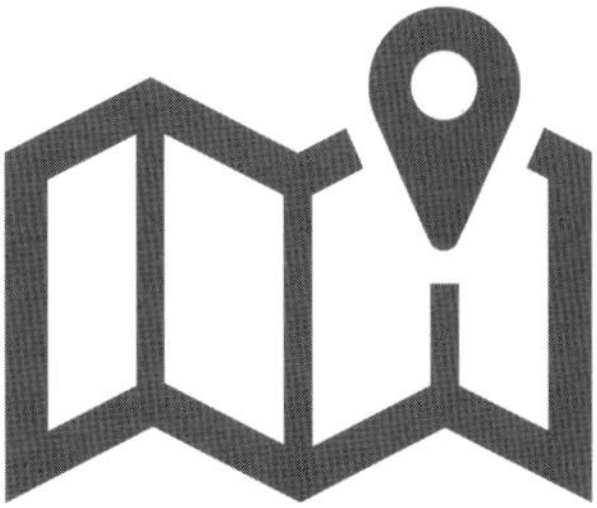

目標までの明確なルート
やるべきことを示すのが
戦略の役割

この3つの特徴を持った代表的な例が2023年に世界を制した野球のWBC日本代表、通称、サムライJAPANです。

スポーツとビジネスで違うのではと思う方もいるかもしれませんが、組織としての本質は同じであるため、スポーツを例に考えることで、よりシンプルに組織を理解することができます。

栗山英樹監督をリーダーとして、勝つための組織づくりを数年がかりで行い、強敵アメリカを敵地の決勝戦で破り日本代表は優勝しました。

勝つことを絶対的な使命として、WBCの監督に指名された栗山監督は、文字通り、勝つための戦略策定を行い、戦略を実行する組織づくりに邁進しました。栗山監督が実行した、「仕事＝WBCに勝つために行ったこと」を先ほど3つに当てはめると、次のようになります。

**明確な目的**

抽象目標：2023年のWBCで優勝すること

具体目標：敵地でアメリカと決勝戦を行い、これを破って優勝する

## メンバー構成

チームの構成は、日本の球界を代表するような優秀な能力を持つ選手だけでなく、ムードメーカーとなる選手の抜擢も行った。

また、世界の野球を経験し、知り尽くした選手を招集し、国際経験のギャップを埋めた。

そして、集めた選手たちと、自分たちのキャリアを懸けてともに戦うことを誓い合い、その組織づくりに必要なあらゆる準備、交渉、努力を惜しまなかった。

## 緻密な戦略

就任時からＷＢＣの決勝戦を具体的にイメージし、数年前から、入念な試合の戦略づくり、コンディショニング、リスク対策などを行った。

そして、それを組織メンバーと１つずつ共有し、最後までやり抜いた。

このようにして、サムライＪＡＰＡＮは見事、世界一の称号を手に入れました。

もし、うまくいかない組織に所属している読者の方がいれば、どの部分が足りていないのかを考えてみると、一気に状況は改善されるかもしれません。

## 戦略の地図が細かくなった現代ではルート選びが重要

詳しいことは第二章でもお話ししますが、私は副社長のときに味の素のCDO（チーフ・デジタル・オフィサー：最高デジタル責任者）としてDX推進をしていました。

全社でDXに取り組んでいたときに気がついたことがあります。それは、技術や情報の質が上がり、戦略の幅は増えた分、かえって戦略に溺れてしまう可能性も上がったということです。

先ほどの、サムライJAPANのようなスポーツの場合は「優勝」「勝利」といった明確な目標を立てやすいですが、ビジネスの場合は、世界大会があるわけではなく、どこを目標にするかは自分たちのなかにしか存在しません。

ですから、DXのような戦略ひとつとっても、なにをもって成功とするかを明確にしなければいけません。

しかし、技術や情報が先行しやすいデジタル領域においては、目標よりも手段に目がいきがちです。もしくは目標が立てられたとしても「デジタル技術を使いこなして、目的とするレベルまで企業を変革する」といった曖昧な目標にとどまってしまいます。

**戦略の地図は選択肢が増えた分、ルート選びが重要**

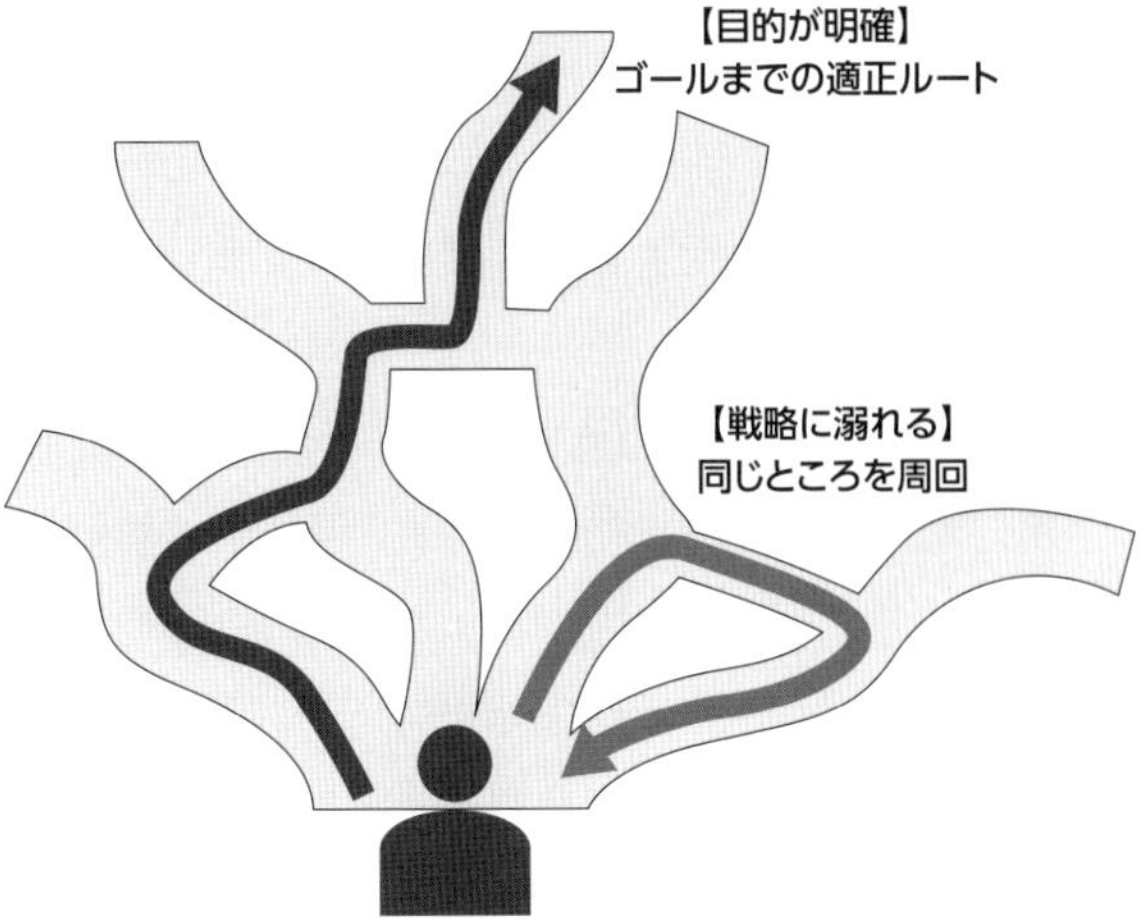


一見、正しいように思えますが、これは文言上のものにすぎません。こういった目標設定だと、デジタル技術をどのように導入したらいいのか、というテクニカルな議論ばかりに時間を割くことになってしまい、**実際にDXを実行して働き方を変えていく「人」への関心が薄れてしまいます。**

当然ですが、**実際のDX、企業変革を行うのは「人と組織」**です。ですから、DXの「D」すなわち、「デジタル」をどのように使って、どのような業務変改やビジネス変革を起こそうかという議論よりも、**DXを行った結果「自分たちはどうなる、組織や会社はどう変わる」という「X(transformation)」＝変革ビジョンを見せることのほうが重要**です。

つまり、組織戦略の幅が広がり、道の途中の誘惑や脇道も増えた分、どこを目指して、どのルートを歩いていくのかをしっかりと組織全体に示す必要があります（前ページ図）。

戦略の幅が増えたことは非常に喜ばしいことです。そのことによって、どんな組織でも自分たちに合った最適解が存在するようになりました。

ですが、その最適解を選べるかどうかは明確なビジョンのもとに、必要な戦略と適正ルートを逆算し、メンバー全員と共有できるかどうかで決まります。ルートが増えただけでは意味がありません。

## ●――ダメな組織に出る危険症状

いい組織が持っているものを理解していただきましたが、一方で、悪い組織に表れる危険症状というものもあります。

かつての味の素には、まさにこの危険症状が表れていました。それは、**空気を読んでリーダーや主流派に忖度をする雰囲気です**。

そのことを強く感じたのは、副社長になったときです。２０２３年時点で味の素の時価総額は３兆円を超えていますが、２０１９年当時は１兆円を割る、極めて深刻な状況でし

味の素の株価は、2017年以降
一方的に下がっていった

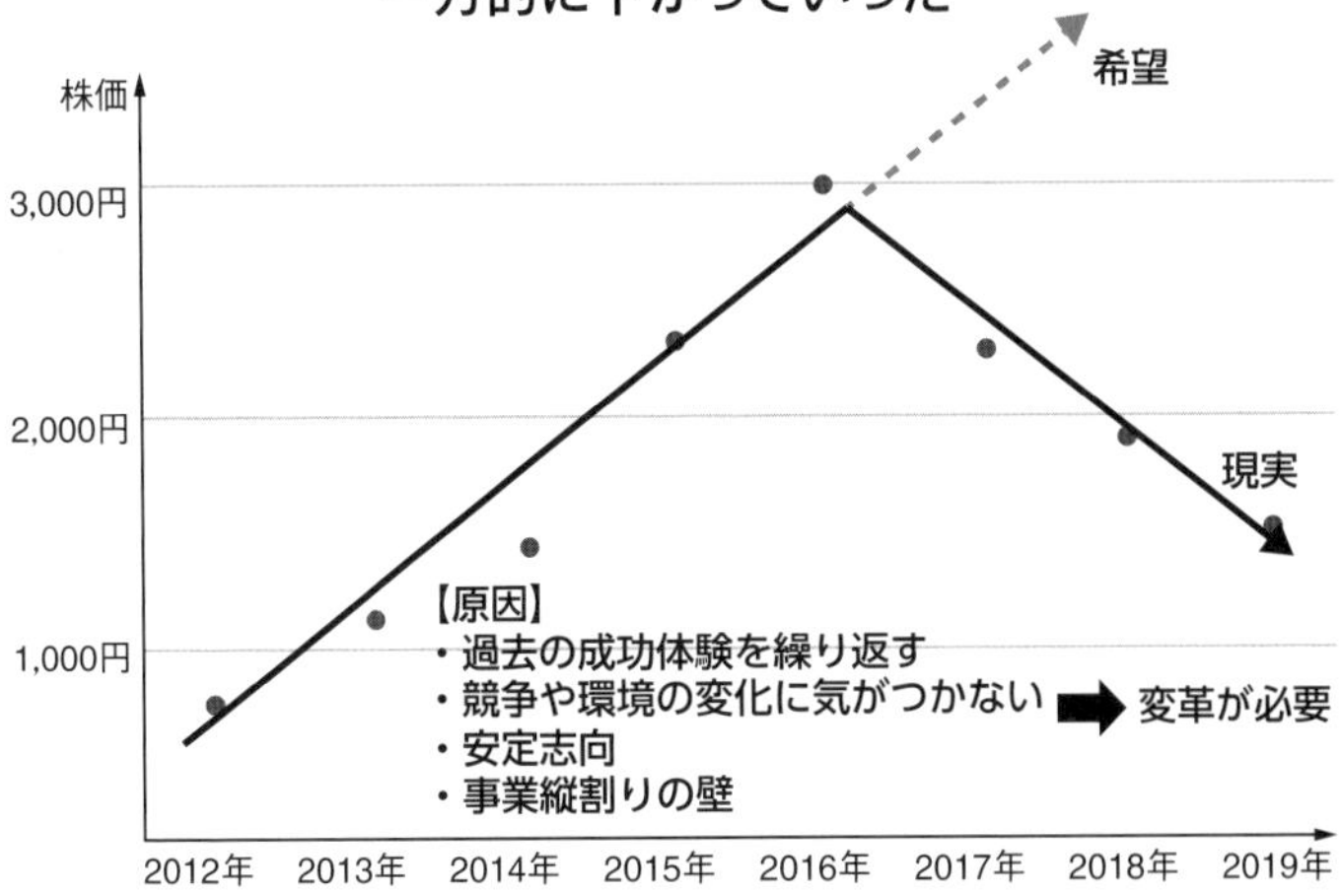


た。西井社長が就任以来、残念なことに希望とは反して、株価は一方的に下がってしまっていたのです（上図）。そんな状況下で起きたのが忖度です。

西井社長は人の話をよく聞くとてもいい人です。しかし、社長就任当初はいい人すぎたかもしれません。西井社長が社長として最初に取り組んだことは「３６０度評価」でした。自分のことについてまわりからフィードバックをもらうことで、西井社長は自分の目指すべき姿や改善すべき点をあぶり出そうとしたのです。

西井社長が自身に対する３６０度評価を始めると、ここぞとばかりに、何人かの役員が、自分もやりますと同様の３６０度評価を始めました。しかし、私には違和感が

## 360度評価が持つ危険性

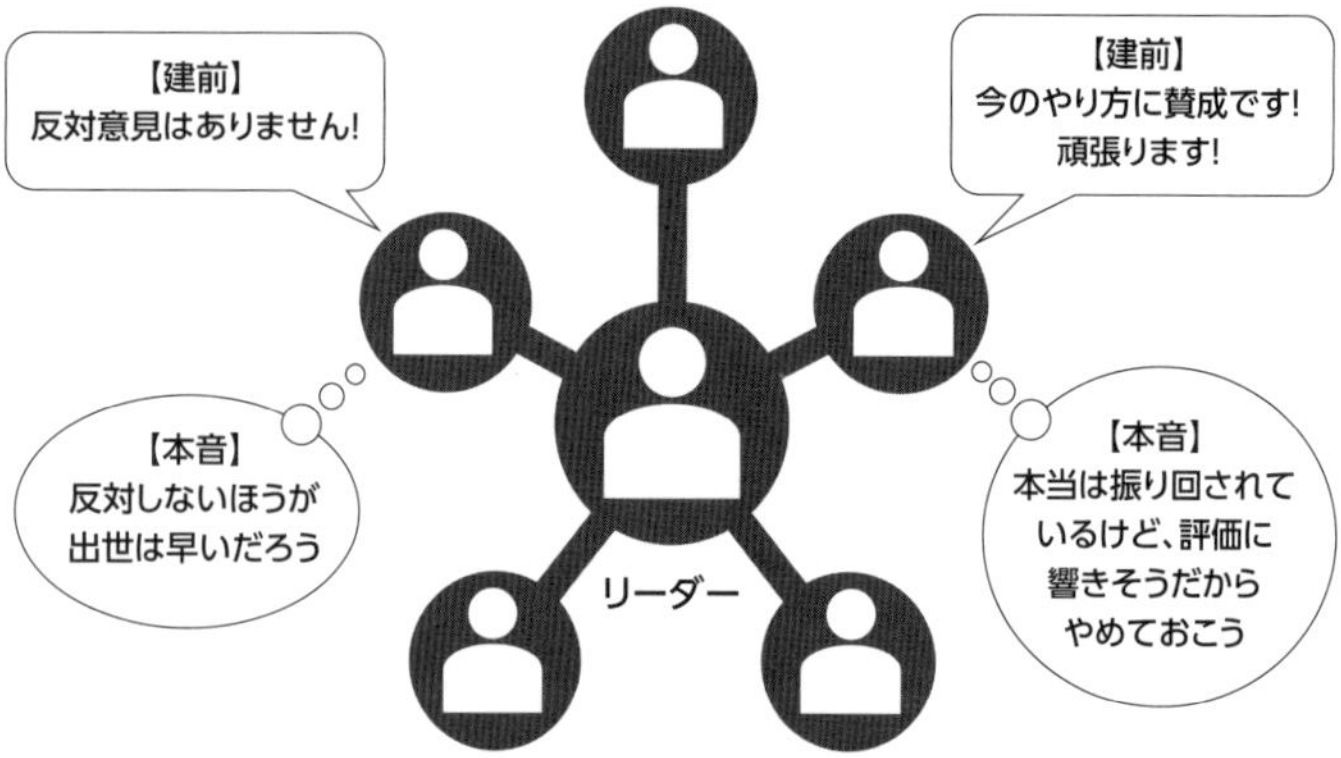
【建前】
反対意見はありません!
【建前】
今のやり方に賛成です!
頑張ります!
【本音】
反対しないほうが
出世は早いだろう
【本音】
本当は振り回されて
いるけど、評価に
響きそうだから
やめておこう
リーダー

評価権を握っている上司に対してネガティブなことを言うのは難しい
「本音と建前」の文化が残る組織では効果を発揮しない

あったので追従しませんでした。

その違和感とは、その段階で360度評価をしても**正当な評価を得ることはできないのではないか**ということです。序章を読んでいただいた皆さんはすでにお気づきの通り、大企業には出身畑や所属で優劣がついてしまうような空気感があります。また、自分が有利になるよう物事を進めるために上司に配慮するといったようなことも平気で行われます。(上図)

その当時は、味の素も忖度文化が強かったので、たとえ、西井社長やほかの役員が真剣に「自分に対してのフィードバックがほしい」と思っていても、本音を言ってもらえるかどうかはわかりません。

むしろ、忖度文化が強かった当時の味の

素では、本音を言うのはその社員にとってはリスクを背負うことになり、わざわざ本音をぶつけてくる人は少ないように思えたのです。

360度評価に違和感を感じた私は、西井社長への360度評価の1回目に、自分の思いを社長にぶつけてみることにしました。

「500人から360度評価を取っても、皆さん忖度ばかりして、ろくなフィードバックは得られない。そんなことをするよりも、新社長として、『私はこうやる！』というリーダーシップをみせるべきだ」と書いた記憶があります。

すでにおわかりかと思いますが、私が一番危惧した点は、味の素では、**新社長が500人から360度評価を受けても、おそらく忖度ばかりで、いい評価しか得られないのではないかということ**でした。

社長に物申すカルチャーではなかった会社で、いきなり「本音」を言うことは頭ではわかっていても体が動かないように、誰もがなっているのではないかと感じたのです。加えて、西井社長がいい人であればあるほど、まわりはもっと忖度していくに違いないと感じていました。つまり、360度評価という**制度だけ導入しても文化が変わっていない以上はなにも効果は得られない**のです。

普段から、侃侃諤諤《かんかんがくがく》の議論をよしとし、社長に物申す組織文化・風土を持つ企業であれば、もちろん３６０度評価も効果が期待できると思います。耳が痛くなるような意見も出るかわりに、社長も覚悟を持って自分のリーダーシップを発揮しやすくなるからです。

ところが、普段から忖度中心である企業で３６０度評価をやると、トップは祭り上げられてしまいます。就任当初の西井社長は、本人の決意とは裏腹に祭り上げられているように見えました。

こういったリーダーへの忖度は、組織の雰囲気がよくないことの前兆として必ず現れます。しかも難しいことに、**リーダーは本音を言ってほしいと真に願っていても社員はクセで忖度してしまうため、「忖度文化」は非常に厄介**なのです。

## 同じような人財を配置すると「忖度文化」は加速する

加えて、もう1つ、私が役員だったときに気になることがありました。

それは味の素の主力である「事務系／食品」サブカルチャーの動きです。序章でも簡単にお伝えした通り、事務系（文系出身）で食品事業のサブカルチャーに所属することが、味の素では主流派になる道でした。

サブカルチャーにもいいところはあります。それはその集団の専門能力を高めることで人財を育成できる点にあると言えましょう。

しかし、サブカルチャーが、自分たち以外の存在以外を認めなくなると、サブカルチャーのあしき側面が目立つようになります。

味の素では伝統的に、技術系の人間が副社長に就任し、社長を補佐するのが慣例でした。わかりやすく言えば、文系出身が社長、理系出身が副社長になることで、サブカルチャーの適正なパワーバランスを取るための慣例です。

しかし、西井社長誕生時には、「事務系／食品」出身の専務が副社長として就任したのです。つまり、社長と同じサブカルチャーの人財が副社長に指名されました。これには、技術系の自分だけでなく、事務系を含めて全社員が驚きました。

なぜなら、今度の副社長は主力サブカルチャーによる社長の「お守《もり》り役」であり、同時にそのほかのサブカルチャーの「お目つけ役」であるとほとんどの社員が感じる人事だったからです。

## 日本の伝統企業の人事慣例

日本の大企業では、学歴や文系理系などの分類、あるいは社内のどのサブカルチャーに所属しているかなどによって人財を判断する人事慣例が、残念ながらいまだに残っています。もちろん、デメリットばかりではなく、その慣習を守ることによって優秀な人財が然《しか》るべきポストにつき、いい結果を出し続けるのであれば特段の問題はないのかもしれません。

しかし、ほとんどの場合、このような人事慣例の結果は問われることなく、ただの「出世レース」を駆け上るための梯子《はしご》を提供する手段となってしまいます。これからの時代に求められる人事慣例は、学歴、履歴などの分類や、サブカルチャーの所属を超えた、結果を出せる人財の配置であることは言うまでもありません。

残念ながら、この人事によって味の素の「忖度中心」の企業文化はさらに加速していきました。食事の席順から職位の序列まで、すべて主力サブカルチャーの支配するところとなります。

お守り役の表面上の目的は、西井社長をリーダーとする若い新経営体制のフォローや強化だったはずですが、実際はそのようには機能しませんでした。むしろ、西井社長自身が主力サブカルチャーによってコントロールされるようになってしまい、**本来持っている力を発揮できなくなっていった**のです。

加えて、この主力サブカルチャー（事務系／食品）は、西井社長就任の2年後には副社長を空席にして、3人の専務で社長を補佐する体制を整えたのです。しかも、3人の専務のうち、私を除いた2人が主力サブカルチャー（事務系／食品）出身です。

しまいにはその2年後、私が副社長に就任する時期が近づくと、主力サブカルチャーからは「副社長不要論」まで出てくるようになりました。こうなると、社長でさえサブカルチャーを制御できなくなり、サブカルチャーは「空気感」ではなく、完全に「派閥」の様相を呈してきます。このような事由によって、副社長が空席という、おそらくは味の素始まって以来の空白の2年間ができてしまいました。

事業環境がいいときには、これでも企業は成長できるのでしょうが、西井社長が社長就任後2期4年を経過したころには、そうはいきませんでした。

これまで味の素の成長をけん引してきた海外食品事業に陰りが見えはじめ、連続的に行った、海外食品事業のM&Aもほとんどが不調でした。

結果として、西井社長は、就任以来、2期4年連続の株価低落を防ぐことができないという、大変残念な結果に追いやられてしまったのです。まさに、凋落の日々でした。さぞかし、悔しかったことと思います。

このような、サブカルチャーによる衰退惹起サイクルの起動と業績の低落は、不幸にして、味の素で起こったことですが、ほかの日本企業でも、よく見られる日本企業の悪しき特性と言えます。

**忖度、へつらいなどが日常的に行われる企業では、社長に物申すことも、主力サブカルチャーの意見を否定することもできなくなる**のです。

もうおわかりの方もいるかもしれませんが、**組織づくりは会社が成長する手段にすぎません。**そのことを忘れてしまうと、社員は「自分のルートこそが王道だ」「私は出世ルートから外れている日陰者だ」という、社内力学を絶対視する意識がどんどん社内に蔓延《まんえん》していきます。当然、いいことではありません。

皆さんの在籍している会社でも、もしこのようなことが起きているとするならば、それは非常によくない兆候です。

味の素は、2021年に監査役会設置会社から指名委員会等設置会社に移行し、社外取締役を委員長とする指名委員会が、社長や役員を指名するガバナンスに切り替えましたので、再びこのようにサブカルチャーが暴走する可能性は少なくなったと言えます。

しかし、どんなガバナンス体制であろうとも、社長および経営陣の健全なリーダーシップこそが、前向きな企業文化を形成し、未来を拓くカギとなることには変わりはありません。

## どうして組織と人は大きな変化を恐れるようになるのか

私は入社したときから、味の素という組織に蔓延する「よくない空気」に敏感でした。技術系と事務系のキャリアがはっきり分かれていたのを入社したその日にはじめて知り、自分にとって、味の素でのキャリアの限界をいきなり突きつけられたからです。

私が感じた**「よくない空気」とは、自分の将来の限界を突きつける無言のプレッシャー**でした。

ですから、その日から私の目標は、この「よくない空気」を変えることになりました。現状維持では、自分の未来が描けないので、なんとしてでも変えるしか方法が思いつかなかったのです。その意味で、変化は自分の望むところでもありました。

しかし、私と同じような違和感を覚えた新入社員はあまり多くないことにも早々に気がつきます。

なぜならば、同期入社組のほとんどは先輩などを通じて味の素の雰囲気やキャリアパスなどの情報をしっかりとインプットし、納得済みで入社していたからです。そのため、私が「よくない空気」と感じた部分をむしろ、「いい空気」と感じていた人もいるように見え

## 同質の人財でつくられたグループはときに悪い方向に作用する

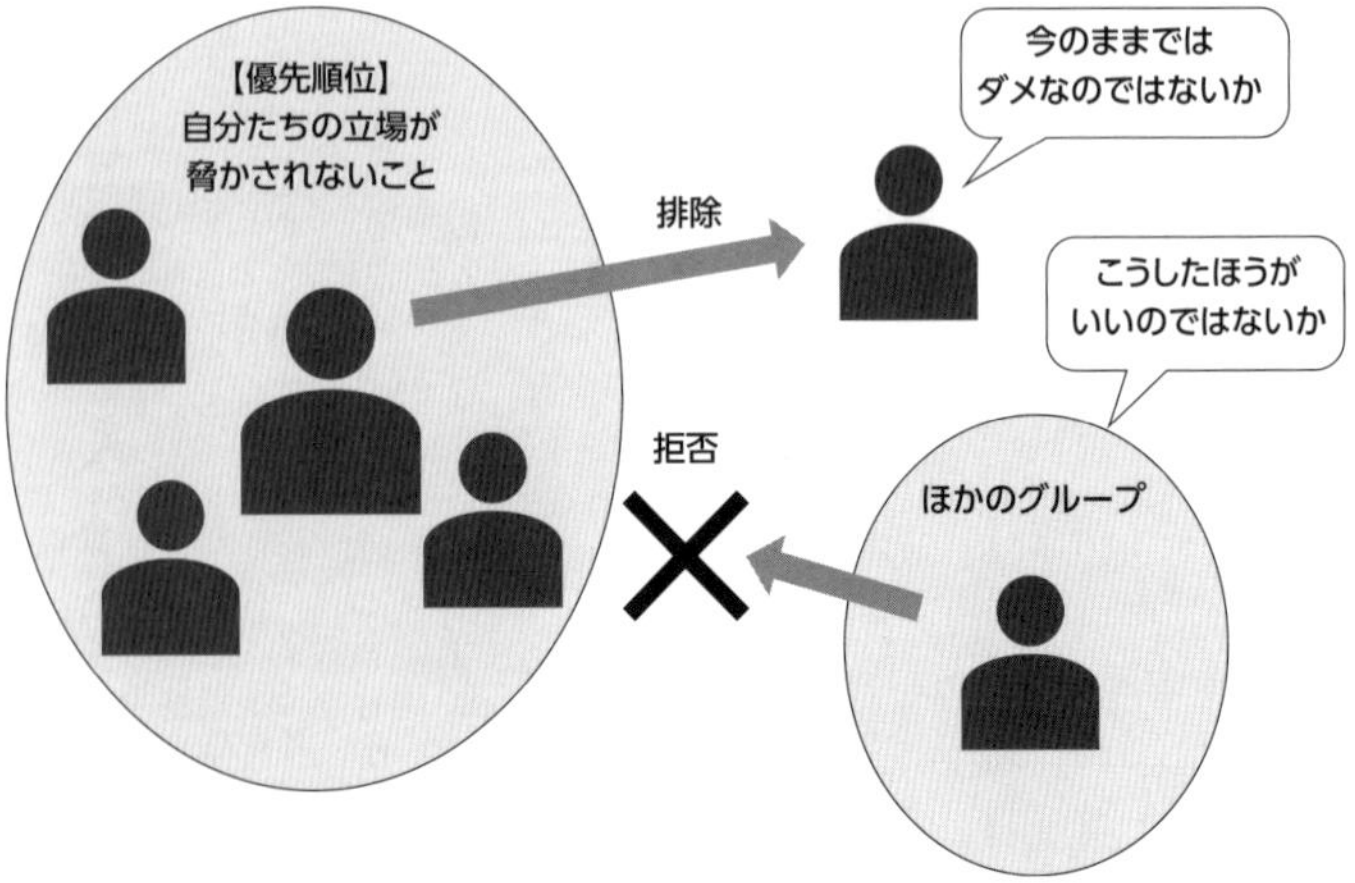
【優先順位】
自分たちの立場が
脅かされないこと
排除
今のままでは
ダメなのではないか
こうしたほうが
いいのではないか
拒否
ほかのグループ

ました。

非常に厳しい面談をくぐりぬけて、選抜された同期入社組ですから、入社したときの志の高さは皆同じだったでしょう。しかし、会社の持つ空気感に対する感性はまったく違っていたのです。

たしかに、「キャリアが分かれている」ことをいい空気と感じる人たちの意見もわかります。王道ルートにさえ乗ってしまえば、自分が成功する確率は上がるわけですし、社内でも一目置かれる存在となります。

ただ、**入社時点でルートが決められると同質の人財同士だけで安心できる組織をつくり、その組織に安住しようとする傾向も強くなります。いわゆる「仲良しグループ」です。**

仲良しグループでは、第一優先事項は自分たちで好きなようにできることですので、それを失いかねないあらゆる変化を嫌うようになります。

また、自分たちと違う考えを持つ人間も排除するようになり、自ら変化を遠ざける状態になっていくのです。（右ページ図）

一時期の味の素も、このようにして、日本の伝統企業にありがちな仲良しグループになり、変化を恐れ、成長の活力を自ら失っていたのでした。

## 会社を内側から蝕む「ゆるい体質」

組織には多様な価値観を持つ人財が所属し、それぞれのキャリアを歩みます。社長候補になるような出世街道を邁進する人財もいれば、たとえ役職や要職にはつかずとも、満足のいくキャリアを歩む人もいるでしょう。

ここで言う幸せなキャリアとは、自分が望む成長を実現できたかどうかという意味です。その意味で、味の素は多くの社員の望む成長を叶え、幸せにしてきたいい会社と言えます。

しかし、社員の多くは幸せなキャリアを歩んでいるのにもかかわらず、味の素の企業としてのパフォーマンスは、私の知る限り、少なくとも過去40年間は決して高いレベルではありませんでした。なぜ、多くの人が幸せなキャリアを歩む味の素のパフォーマンスが長期間上がらなかったのでしょうか？　私は味の素が多くの社員にとって、非常に居心地のいい、「ゆるい体質」になっていたからだと思います。

「ゆるい体質」は、個人がまったく尊重されずに、会社の歯車として働かざるをえない「ハラスメント体質」の会社よりは、よっぽど良質でしょう。しかし、「ゆるい体質」の社員の幸せなキャリアは、残念ながら長くは続きません。

テクノロジーが急進し、グローバルな競争の激しさが日々増している今日の経営環境では、**健全な危機感、競争意識の欠落した「ゆるい体質」の会社は、いつのまにか、ゆでガエルのようになり、心地いいまま死に体になっていくしかない**のです。死に体になった会社は、すでに経営環境の認識力が衰えていますから、一気にビジネスの競争に打ち負かされ、下り坂を転がっていきます。味の素も実に危ないところまで、ゆであげられそうになっていました。

**個人の幸せが優先されすぎた組織**

自分が幸せなキャリアを歩むためだけのわがままを許容し、組織が安住の地となっ

てしまう

↓

**「ゆるい体質」**

**組織の成功が優先されすぎた組織**

組織の歯車として個人が存在してしまい、言うことを聞く以外の選択肢がない

↓

**「ハラスメント体質」**

「ゆるい体質」の会社では、社員はわざわざ自分の幸せを手放してまで挑戦をしようとはしません。ましてや大企業でストレス少なく働けている安住の職場を保証されているのですから、わざわざリスクを取る必要はないと考えるでしょう。

この「ゆるい体質」の会社の場合、多くの社員の優先順位は、会社が成長することではなく、「自分の立場が脅かされないこと」になります。そうなると、社員からすれば、自社を含むグローバルな企業間の競争は対岸の火事でしかありません。自分たちは常に安全だと勘違いしているのです。

## ◉――ビジョンは「自分たちがさらに幸せになる姿」をイメージさせるためのもの

過去の成功が必ずしも今日と明日の成功を保証しない今日の経営環境下では、いくつもの日本の大企業がこの数年で活力を失い、極端なケースでは経営破綻に追い込まれました。自分たちは幸せだ、自分たちだけは大丈夫と「自分の立場が脅かされないこと」を願っていた社員や経営者は立場どころか、働く職場や会社を丸ごと失っていきました。しかも、自分たちが「ゆるい体質」であったことに気がつかぬままにです。

すなわち、今日では、**個人や組織にとっても、経営にとっても、現状維持は衰退の入口に立っていることとまったく同じで、経営は常に新たな成長を目指すべき**なのです。

新たな成長を実現するためには、経営資源を投入しなければなりませんが、近年では、人的資源である人財への投資が重要視されています。人的資源への注力と言うと、すぐに、教育時間、採用、登用の費用などを想起される方が多いと思いますが、私は**経営が人財に投入すべき最大の資源は、「夢」とも言える成長ビジョンであるべき**だと思います。

経営にとっての成長とは、経営数値の将来的な拡大を意味しますが、個人にとっての成長とは仕事を通じての「夢」の実現にほかなりません。

それは、言い換えると「自分の夢の実現のために、必要な能力が獲得できていることの実感」であり、「自分たちがさらに幸せになること」＝「自分たちがさらに成長していること」なのです。

ですから、経営や組織のリーダーは、組織に明確な成長へのビジョンを示し、個人に「腹落ち」してもらった上で、個人と会社（事業）の成長を懸けて、ともにチャレンジし続けることが必要です。

そうすることで、会社に属する個人は、皆納得して自分の成長のために会社でも挑戦をしてくれるようになり、「ゆるい体質」から脱却することができます。

序章で紹介した、研究室長時代の英語導入の例はまさにこのパターンがうまくはまりました。

研究室に英語を導入することで、今後どんな職場に行っても活躍できる人財になるだけでなく、自分の目指すキャリアやポジションにも近づくことができるという個人メリットを実感してもらうことができたからです。

個人にとっては、味の素のような大企業でのグローバルなビジネス経験や英語でのコミュニケーション経験は転職するにしても大きな武器となります。

このようにして、会社としての目標は「グローバル成長」でしたが、その目標を達成す

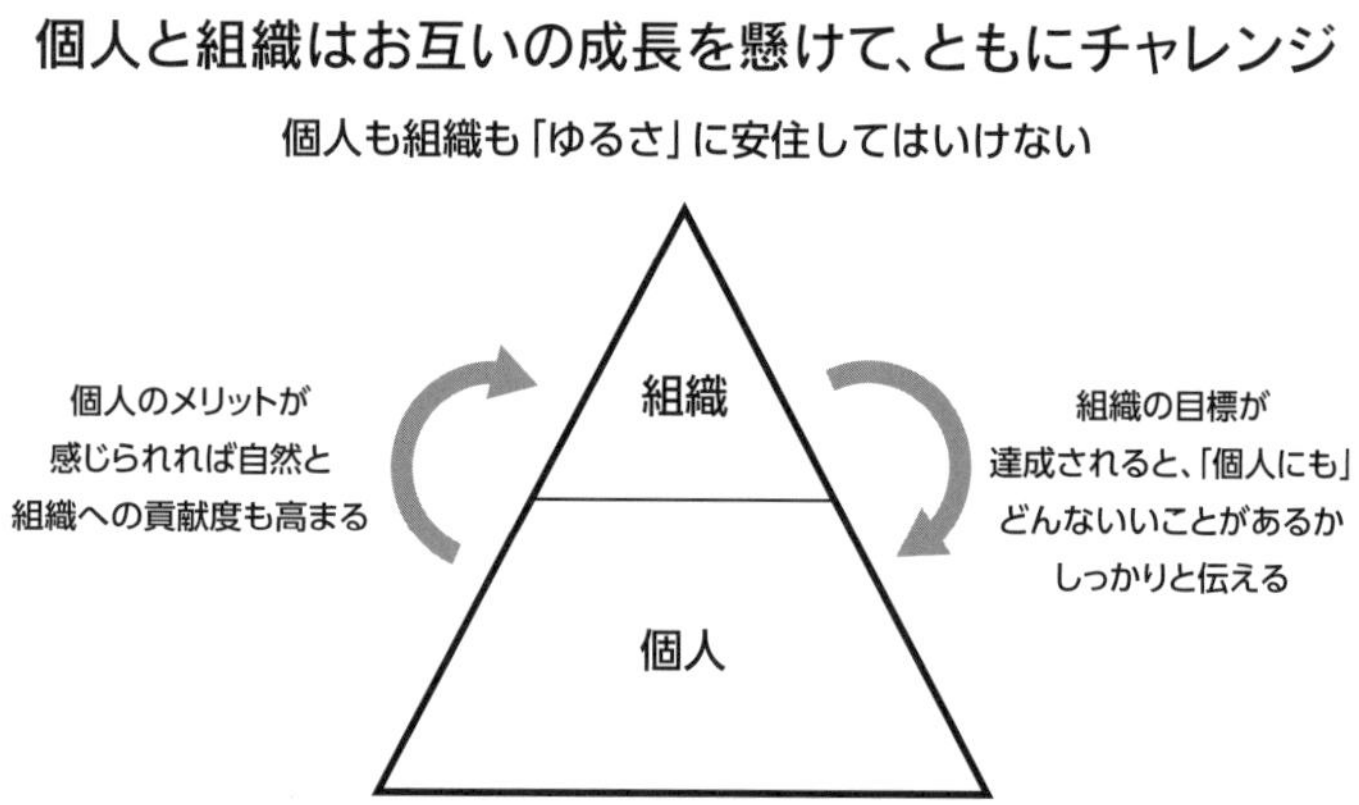
個人と組織はお互いの成長を懸けて、ともにチャレンジ
個人も組織も「ゆるさ」に安住してはいけない
組織
個人
個人のメリットが
感じられれば自然と
組織への貢献度も高まる
組織の目標が
達成されると、「個人にも」
どんないいことがあるか
しっかりと伝える

るプロセスのなかで、「個人のキャリアの選択肢が大きく拓かれること」を社員一人ひとりにメリットとして展開することができたのです。

ですから、**ビジョンを語る際は、会社や部署として目指す姿を話すだけでなく、そこに属する社員が成長することで得られるメリットもセットにして伝える必要があります（上図）**。

組織の目指す姿を通して、「自分が目指す目標」も見えてくる状態をつくることができれば、社員は自然と積極的に仕事に取り組むようになります。まさに「ゆるい体質」からの脱却です。

## 仲良しグループから脱却するためには「異質」が必要

忖度文化や保守的な組織を変えるためには、個人のメリットをイメージさせることに加え、もう1つ実践しなければいけないことがあります。

それは、「異質」の人財を配置することです。すでに語られた議論かもしれませんが、それでもまだ実践できている組織はそう多くないように感じます。

その理由として、日本企業は、同質の考えと価値を有する人間のみで構成されている組織がいまだに多く、加えて忖度文化が浸透しているため、**違う考え方や、その組織の文化に合わない発言や意見を、「異質」のものであるとして、排除する傾向が強いから**です。このような組織は、**「内向きの組織」**と言えます。

これだけ「異質な人財」やダイバーシティの重要性が語られているのに、いまだにうまくいかない原因は、同質の考えを持って暗黙の了解で動く「内向き組織」のマインドセットにあります。

どういうことかと言うと、誰もが異質な人財の重要性や効果を頭では理解しているものの、心では自分たちと同質でない人財に拒否感を示してしまうのです。ですから、自分とは違う人・ノーを言ってくる人たちは自分と敵対する存在ではなく、アドバイスをくれる人だと理解することがまずは重要です。「自分たちとは違う！」と考え、相手と敵対してしまうと争いの火種をつくってしまいます。

ですが、自分たちと同質でない相手の意見も、考え方やものの見方が違うだけで、目指すゴールは同じだということに気がつけば、議論はむしろ深まります。こうして議論し、合意した事項は、実行時のエネルギーレベルもそれまでとは比較にならないほどに強まっていくのです。（次ページ図）

先にも述べたように、主流サブカルチャーが経営をリードしていた当時の味の素では、経営環境の変化に対する認識やそれに対応するための新たな視点を踏まえた議論が不十分なままに、規定路線の戦略が実行されていきました。

残念ながら、結果としては「衰退の法則」をなぞるように、企業のパフォーマンスは低下していったのです。

私はこのような局面に流されて、押し黙ってしまう人間ではありません。文字通り、「異質」であり、忖度なく意見が言える人間です。そのため、このとき私が感じたのは、技術系／アミノサイエンス事業出身であり、主流派とは完全に異質の経験と考え方を持つ私にしか味の素は救えないのではないかということでした。

「内向き組織」と「前向き組織」の違い

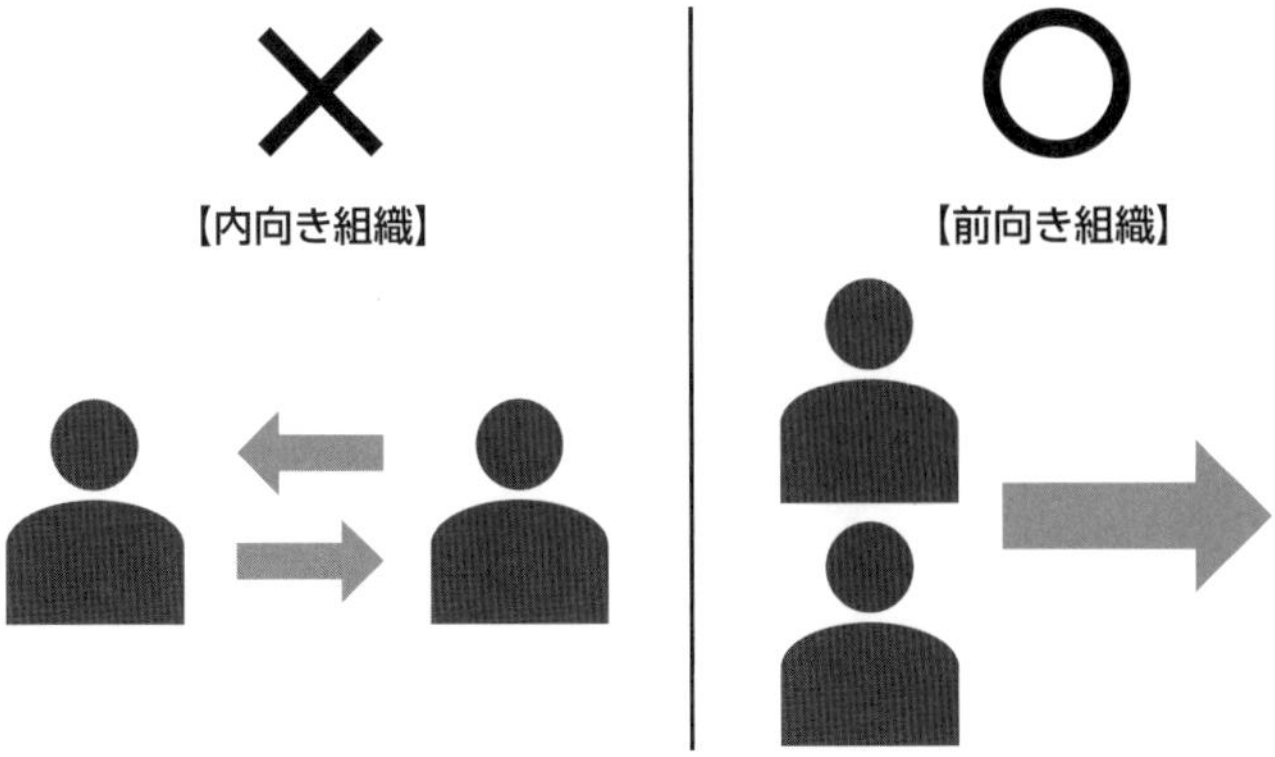


互いのエネルギーを無駄にぶつけ合い
発展性のない争いに発展

考え方は違えど互いのエネルギーが
合わさって大きな推進力になる

過分な自負と言われるかもしれませんが、同質な経営集団に異論を唱えて、方向修正できるのは、私しかいないと思えたのです。

私は自分のこの考えを西井社長に直接ぶつけてみることにしました。今思えば、自分の「夢」やキャリアに対するこれまでで最大にして最後のチャレンジだったと思います。

西井社長は、もともと非常にフェアに社員を評価できる人でしたので、違うサブカルチャーに所属する私のような自分とは違う考えも受け入れてもらえるはずと考えていましたし、実際に受け入れてもらいました。

私は、そんな「異質」を受け入れる西井社長の姿を見て、味の素が変わっていく空気を感じました。もし、このときに西井社長が私を排除しようと考える人物だったら、今の味の素はないでしょう。

## ◉──異質の人と仕事をするためには「リスペクト」と「夢」が欠かせない

こうして西井社長と私は「異質」の経験と考え方を持った人間としてペアを組むことになりました。

実は、「異質」の人とペアを組む上で大切なことが2つあります。

1つめは「お互いをリスペクトし合うこと」です。私と西井社長の場合、価値観やお互いにやってきたことは違いましたが、相手のやってきたことや考え方を尊重し、リスペクトすることができました。

そのため、互いに議論を交わすときにはどんなに言いづらいことや言われたくないことを言い合ってもそれが恨みに繋がらず、前向きに問題解決する健全な関係を築くことができました。仮に、私と西井社長が相手をリスペクトできない関係だったら、味の素の経営は完全に瓦解していたでしょう。

つまり、**大事なことは「異質の人」と仕事をする際は、「意見は違えど、この人にだった**

**らなにを言われても、お互いをリスペクトして議論し合える」関係を築くこと**です。

2つめは、「異質ではあるけれど、目指している夢は同じ」であることです。味の素の場合、西井社長が社長になったことに満足して自分の任期を穏便に済ませようと考える人物だったら、経営者として「目指している夢」が異なり、そもそも議論にもならなかったでしょう。

その意味では、私も西井社長も本気で味の素を変えようと同じ夢を見ていたことは非常に大きなことでした。考え方は違いましたが、夢という点においては、深いレベルでは繋がっている感覚があったのです。

## 組織を変えたいならまずは1人の仲間をつくれ

皆さんの会社は、味の素と企業サイズや戦略、ガバナンスなどが異なるかもしれません。組織風土、文化に至っては、相当違うと思います。

しかし、そんな皆さんにも、私たちと同じように、大きな変革が必要になるときが必ず訪れると思います。それは悪いことではなく、生き物が脱皮しながら成長するのと同じで必要なことなのです。そのときには、たとえ、皆さんが社長やリーダーであっても1人で変革を起こそうと思わないでください。

あるいは、自分と同じ考えを持つ仲良したちと組めば変革ができると思わないでください。実態の伴わない小粒の変革ごっこで終わる確率が高いです。

大きな変革を実現するには、これまでと異なる戦略の策定とその戦略を実行する組織づくりから始めなければなりません。

ただ、最初から多人数での議論は四方に広がってしまうので、決して深まることはありません。ですから、大きな変革の実現のためには、最少人数の2人、すなわち、変革のペアからスタートするのが、成功確率の一番高いやり方と言えます。最初は、この変革のペアからスタートし、段階的に変革の同志を増やしていけばよいのです。

「この人は自分とは意見が違うけど信用できる」そう思える人を1人見つけることがなによりも重要です。私は、味の素の変革のペアである西井社長に巡り合うまで、実に三十余年の歳月を要してしまいました。

しかし、パートナーを見つけてからは、実質ほぼ2年で大きな変革を実現することができたのです。夢を諦めず、変化を恐れず、**互いにものを言える人財と「変革のペア」になれるかが組織を変えるカギなのです。**

サイドストーリー

## 背番号制の撤廃で起きた「味の素の変化」

私が副社長になり西井社長と最初にやったことは、人事制度の改革でした。

特に「事務系」と「技術系」の背番号制度の撤廃には最初に取り組みました。「背番号制」とは、入社から退職まで原則同じ人事上の分類、カテゴリー内の順位序列を守って働き続けることです。事務系の代表としての西井社長と、技術系の代表としての私が、味の素を変えるために立場やキャリア形成の違いを乗り越えて行った非常に象徴的な案件でした。

少なくとも、過去40年にわたり味の素の人と組織を根本からコントロールしてきたこの不文律に、我々が切り込みを入れたことは、OBや味の素関係者にとって、ありえないセンセーショナルな出来事だったかもしれません。

私にとっては、入社以来の宿願でしたが、多くの関係者にとっては変えてはいけないこと、あるいは変えられるとは思っていないことだったのは言うまでもありません。

この変革では思わぬ現象が見られました。それは背番号制を撤廃し、異なるキャリアの社員が触れ合うようになったところ、社内の空気がよくなったということです。

これまでは背番号やサブカルチャーの意識が強すぎて、自身の所属する事業部以外は自動的に「関係ない人」として見なしてしまう雰囲気が味の素にはありました。しかし、その壁を壊すことで、互いがフラットに交流できるようになったのです。

また、縦割り意識の強かった事業部間の交流が生まれたことによって、お互いの知らない考え方が事業部ごとで輸入輸出されるようになり、まさに事業部間の鎖国は終わり、開港の時代を迎えたのです。この現象を見たときに私は自分が間違っていなかったことを実感しました。

この変革第1号の成功で、西井社長とまったく異質の私が、味の素の変革のペアとして、会社を「変革」そして「再生」できるという自信を得ることができました。

また、役員を含めた全社員に、この変革のペアは味の素にこれまでなかった規模の「大きな変化」を起こすかもしれないということを予感させたように思います。

第二章

# 目に見えない組織の力学を理解する

## 「やった感」に組織は踊らされてしまうもの

ここまでお話ししてきた通り、会社を変えるのには立場や経歴は関係ありません。その意味では、マネージャークラスでない若手社員であっても会社に疑問を持ち行動することは非常に大事なことです。

むしろ、**会社に違和感があるのにもかかわらず、見て見ぬふりをするのが一番の問題です**。もし、本書を手に取って読者のなかに「会社や組織を変えたいけど、自分はそんな立場にない」と思う人がいたらどうか諦めないでください。もともとは私も立場があったわけではありません。「夢」を諦めずに、自分のキャリアを拓いてきた結果として、あとから立場がついてきたのです。

立場や経歴は関係ないという点で言えば、私は副社長就任と同時に、兼任する形で味の素のCDO（チーフデジタルオフィサー：最高デジタル責任者）にも就任しました。私は理系出身ではありましたが、ITの専門ではなく、デジタルについては私より詳しい人がいたようにも思います。

先にネタばらしをすると、その後、味の素はDXをきっかけに再生することに成功しました。ありがたいことに大企業のDX成功事例として、多くの取材や講演依頼もいただくようにもなりました。

しかし、そのような成果を得られたのはDXが「なんでも叶えてくれる魔法の杖」だったからではなく、DXが「ただの手段」であることにいち早く気がついたからにほかなりません。ですから、私は自分がCDOに就任した際も経営のデジタル化ではなく、会社の雰囲気、組織文化を変えることだけにフォーカスをしていました。

この章では、会社を変える「チェンジリーダー」に求められるものをDXという教材を使って皆さんと考えていきたいと思います。もちろん、具体的なDXの手法についてはのちの章で詳しく解説しますのでご安心ください。

まず、私がCDOに就任したときに感じたことは**「このままの味の素の体制や考え方で、DXの成果を上げることは難しいのではないか」**ということでした。理由は2つあります。

1つめは、**DXやデジタルテクノロジーが、企業の競争力そのものであるという幻想を多くの人が抱いていたこと**です。

事業が縦割りであることが原則の日本企業では、それぞれの事業特性に合わせてデジタルやITツールを特殊化させがちです。そうすることで、事業そのものの競争力も増すと考えられているのですが、これはハッキリと間違いです。

このような考えのもと、日本企業が導入したデジタルやITツールは特殊設計になり、特殊な能力を備えた人間しか使いこなせない非常に複雑なシステムになってしまいます。

これに対して、世界のDX先進企業では、**DXはあくまで、経営や事業にとって道具であり、経営や事業の構想力は事業に携わる人間が生み出すものと考えられています。**そのため、デジタルやITツールは、できるだけ標準的で、誰もが簡単に使いこなせるものを積極的に導入しています。その結果、デジタル・ITツールの普及や低コストの実現、企業オペレーションへの貢献が顕著になっているのです。

2つめはデータの活用についてです。**DXで成果を上げるためには、最初に経営や事業判断に応じて膨大なデータを収集し、いつでも活用できる体制をつくらなければなりません。**

しかし、この体制を整えることは日本企業が不得意としている部分です。事業縦割りの文化が強い日本では、ヒト、モノ、カネ、そして情報やデータまでもが、事業縦割りで管理されているため、それらを全社で統合して共有し、利用するという、DXの成果を上げるために最も必要な基本的な思想が普及していません。

結果として、事業部ごとにデータを特殊なかたちで管理する「事業部ごとのDXプロジェクト」が乱立することになります。（次ページ図）DXで重要なデジタルの3つの特性は、

**1　迅速性**
**2　汎用性**
**3　相乗効果**

です。しかし、事業部縦割りが強い日本の伝統企業では、そもそも、このデジタルの3つの特性が、活用しにくくなっているのです。

こういった事態に陥ってしまったのは「デジタルトランスフォーメーション」という甘美な言葉が一人歩きしてしまったからにほかなりません。各マネージャーがこの言葉に踊らされ、テクノロジーを導入しようと「独自のDX」を推し進めていたのです。ですが、目的が「デジタルの導入」に変わってしまった組織は、コストは増えても生産性が向上する

目的は同じなのに独自のDXプロジェクトが乱立

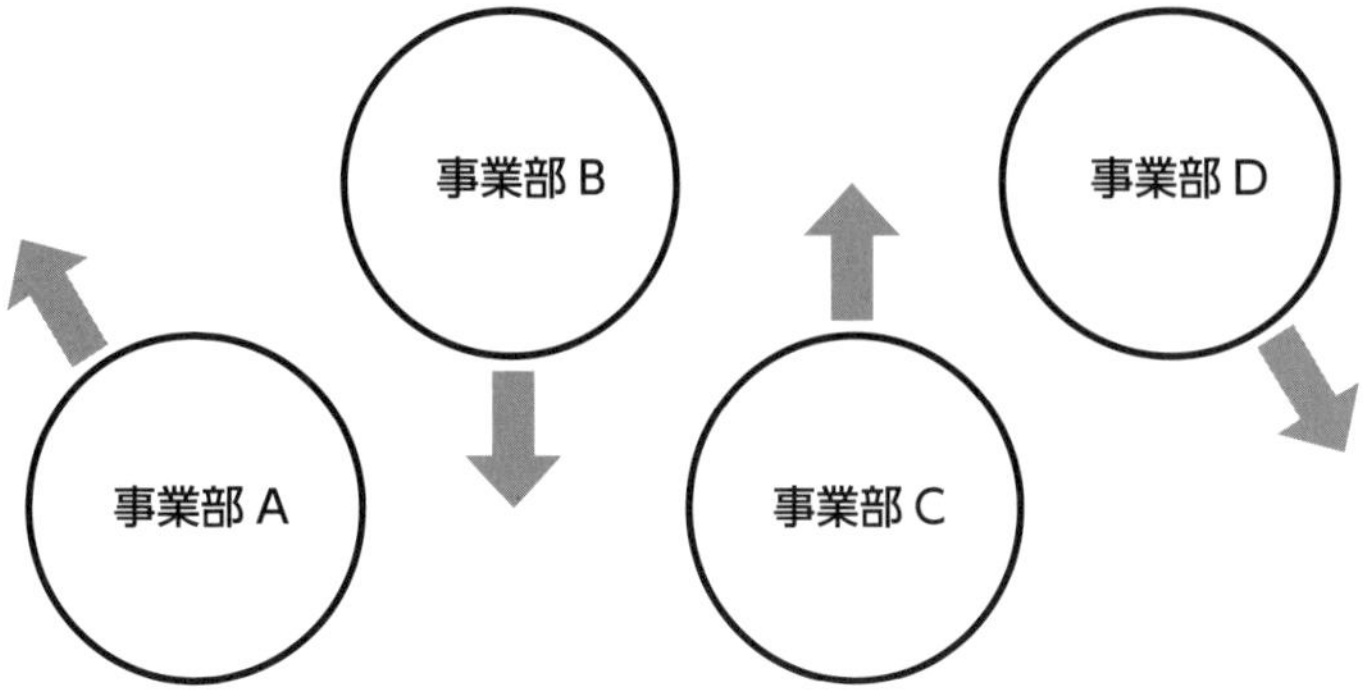


事業部ごとで目指す方向がずれてしまい、全社DXのむしろ足かせに

ことはありません。

加えて、マネージャー層よりも若手社員のほうがデジタルには強いという逆転現象が起き、マネージャーが間違えた方向に推し進めるほど、若手社員は「意味があるのか」と戸惑う悲しい事態が起きていました。

このようなことから私が感じていたことは、結局のところ「自分の事業部の最適化さえ考えればいいとする会社の文化を変えなければいけない」ということでした。逆を言えば、そういった企業文化さえ変わればDXは間違いなく成功すると思いました。

つまり、結論を言えば、当時の味の素はDXを通じて、企業文化・風土の変革に成功したのだと私は感じています。

私はCDOになってから、多くの方から

ＤＸについて話を聞かせてほしいと言われることが非常に多くなりました。そこで、「ＤＸを成功させる秘訣はなんですか？」と聞かれる度に「デジタルに踊らされずに会社の風土を変えることです」と答えています。それくらい、ＤＸでは企業の内側にある文化から変えていくことが重要なのです。

## 組織には「忖度と批判の力学」が存在している

会社を内側から変える必要があると説きましたが、当然簡単なことではありません。企業風土を変えるとき、組織的な対立や葛藤は当たり前のように起こります。

味の素の場合は、そもそも西井社長が私を変革のペアとして選んだ時点で、組織的葛藤が発生しました。前述の通り、それまでの2年間は、主力サブカルチャーを中心に三専務体制を敷いて、副社長は空席でした。そこに、主力出身ではない私が急に就任したわけですから当然です。

また、当時は会社のガバナンス体制の変更もあり、一度空席になった副社長を復活させることに対しては、ガバナンスの担当役員や監査役などからも相当の反対意見も出たようです。この時点までは、味の素はやはり非常に内向きの典型的な日本の伝統企業だったと言えます。**内向き企業には忖度文化が横行し、本当の意味での変革、すなわち、生まれ変わること**はできません。

なぜならば、内向き企業は**あらゆる問題を「永遠の課題」として、解決できないようにしてしまう、「忖度と批判の力学」が存在しているから**です。

この忖度と批判の力学は、実は味の素だけでなく、多くの伝統的な日本企業に存在することがその後の対外活動のなかからも見えてきました。

そういったチャレンジのなかで、さまざまな変革にチャレンジしてきたわけですし、私も新入社員の時点から今日まで、そのすべてのことを経験してきました。

そういったチャレンジのなかで、色々な問題が出てきて、その度に問題解決のための議論がされるわけですが、労使関係を最重視する大企業の場合、その議論は主に、労使協議会で行われます。経営にとっても従業員（組合員）にとっても、労使協議会は一番の大きな問題解決の場です。しかし、この労使協議会について私には、三十余年ずっと悶々としていたことがあります。

それは、経営陣と従業員（組合側）の対話のなかで、いつも中間管理職がやり玉に挙げられることでした。

ほとんどの議論の場で、従業員（組合側）は「経営陣には、これまでの労使の信頼関係に基づき、しっかりとした舵《かじ》取りをお願いしたい」と言います。もちろん、多少の忖度はあるでしょう。

また、組合側は「経営課題を組合員も自分ごと化して、懸命にチャレンジしている」とも主張し、これに対しては、経営もいつも「組合の努力を高く評価する」と答えますが、こうも付け加えます。「経営を取り巻く環境は激変しており、一層の努力を期待する」です。ある種の様式美になっているところもありますが、ここまではいいでしょう。

私がずっと納得行かなかったのは、**従業員（組合側）をコントロールすべき中間管理職が、経営の方針をしっかり把握しておらず、組合員のマネジメントが適切に行われていない、もしくは職場によって大きなばらつきがあることが問題提起されること**でした。

ですから、従業員（組合側）は「経営は、中間管理職をしっかりと指導していただきたい」という決まりきった要請を出すのです。

労使協議会ですから、従業員側の代表として、組合幹部が出席し、会社側の代表として、社長以下の経営陣が議論するわけですから、議論の場に中間管理職は1人もいません。表面上は、いかにも真摯な議論が行われるのですが、その場に不在の「中間管理職」がいつも批判の対象になるのは、おかしなことだと思い続けてきました。

## 忖度と批判の三角関係

不在の第三者をやり玉に挙げてその場をやり過ごす

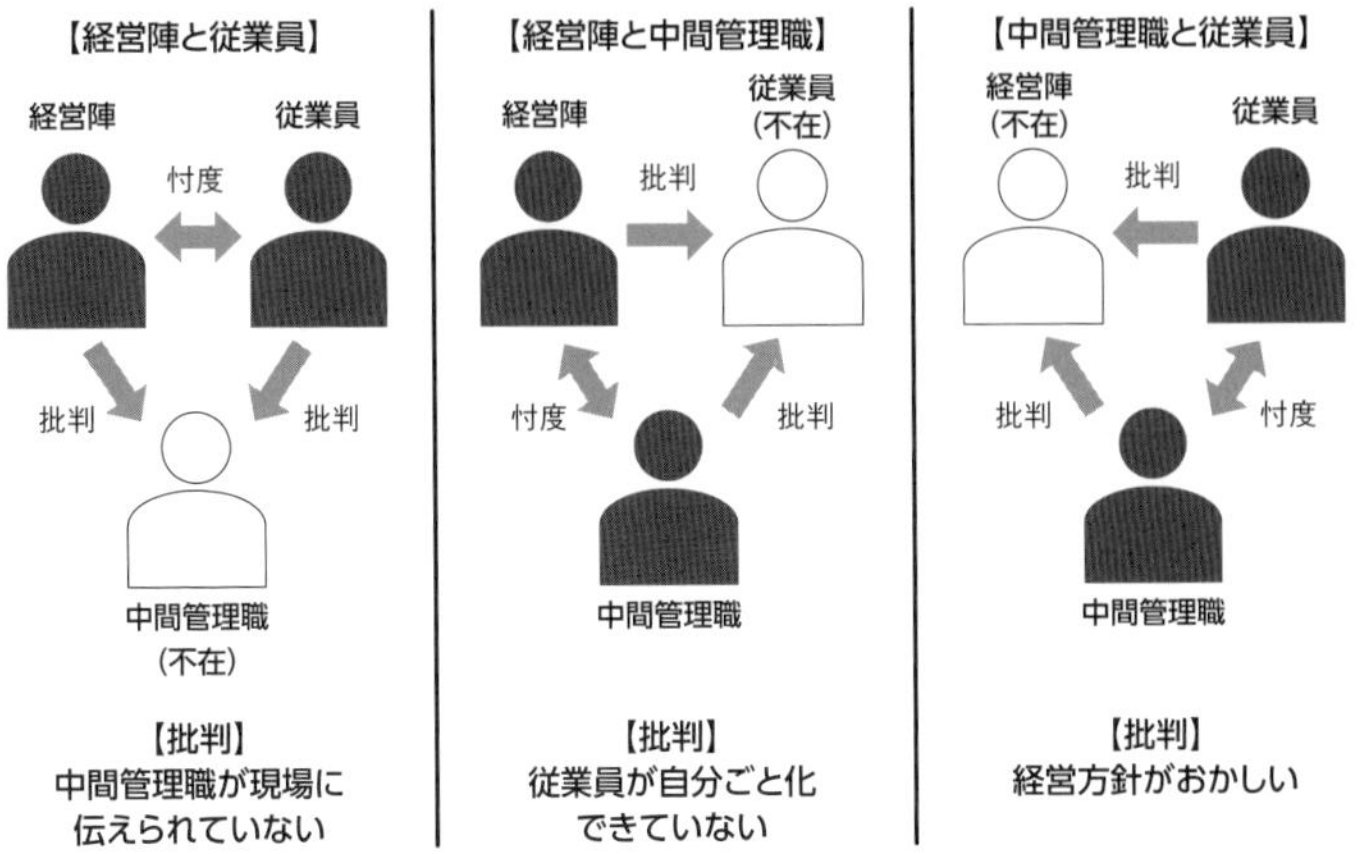


加えて、もう1つ疑問を感じたのは、私自身が中間管理職から役員、すなわち経営陣になってからのことです。

中間管理職と議論すると、最終的には、「従業員が自分ごと化できていない」ということになるのです。ここでも、不在の「従業員」が批判の対象になります。

このように、**「経営陣と従業員の関係」そして、「経営と中間管理職の関係」ではそれぞれ不在の第三者が批判されているこ**とに気がつきました。

こういった組織では、中間管理職と従業員との関係のなかでは、当然のように第三者である経営陣が批判の対象になります。すなわち、経営陣について、「経営方針がおかしい」という、決して公式には経営陣に届くことのない、批判的な議論がされることです。表に出てこない愚痴といったほうがいいかもしれません。

要するに、経営陣――中間管理職――従業員の三者が、それぞれの一対一の議論の場では、表面上お互いをリスペクトする忖度発言をしながらも、その場に不在の第三者の批判を繰り返す、簡単に言えば、**「忖度と批判の三角関係」**が生まれているのです。

内向きの日本企業にありがちな関係かと思いますが、この忖度と批判の三角関係が味の素の成長を妨げる組織風土的な要因になっていたのです。

## リーダーが結果を出せば、組織は勇気づけられる

私が所属しているCDO Club Japanの議論のなかでも、「従業員の自分ごと化」「中間層の抵抗をいかになくすか」が課題という問題提起がよくなされますが、私は、それは個別の課題ではなく、経営陣――中間管理職――従業員の三角関係のもつれであり、企業の組織文化が内向きである証拠だと理解しています。

では、それを解決するには、どうしたらよいでしょうか?

それは、**経営陣、管理職、そして従業員の三者が、共通の危機感を持つこと**です。そしてその危機感に対して、乗り越えるべく、この三者、いわば全体組織が一丸となって取り組むことです。つまり、必要なのはワンチームコンセプトです。

この意味において、**真のワンチームとは、ただの組織的なくくりという意味ではなく、危機感が共有化された組織**と言えます。そこには忖度などありません。危機をみんなの力を合わせて乗り越えようとします。このような**ワンチームをつくる役割を担うのが、優れたリーダー**と言えます。

その意味で、私と変革のペアだった西井社長は非常に優れたリーダーでした。

「健全な危機感をもって、目標に向かってワンチームとして努力する」と口で言うのは簡単です。しかし、もともとそのような素地の薄い組織を変えていくのは、当然難しいことです。

当時の味の素の場合、変革のペアであった西井社長と私には躊躇やじっくりと検討してから取り組むといった時間的な余裕はまったくありませんでした。とにかく至急結果を出さなければいけない経営状況にまで追い込まれていたからです。

しかし、DXに関しては、味の素グループはじめての取り組みでしたし、私が初代のCDOでしたので、周囲の幹部や取締役たちにはお手並み拝見といったような雰囲気がありました。

さらに突っ込んで言えば、総論賛成、各論反対と、いくら副社長・ＣＤＯであっても、縄張り意識の強い領域に関しては、「口出ししないでくれ。所詮、門外漢のあなたには、なにもできない」という空気が流れていました。

もうおわかりかと思いますが、とてもワンチームと言える状況ではありませんでした。

この本を今読んでいただいている皆さんのなかにも同じような経験をされたことがあるのではないでしょうか。

ただ、私や変革のペアである西井社長にとって幸運だったのは、あれこれ悩む時間がまったくなかったことです。そのため、ＤＸであれ人事改革であれ、とにかく「結果」を出すことだけに注力することができました。

どんな企業であれ、すべてを理路整然と説明してから変革を起こそうとすると、物事は複雑に感じられます。特に大企業であれば、部署ごとのパワーバランスによる社内調整が発生し、１つの物事を進めるだけでひと苦労です。

しかし、百聞は一見に如《し》かずとはよく言ったもので、結果を出して見せることさえできれば自然と流れは変わります。これはどんな物事でも同じですが、企業変革のように関係者が多くなればなるほど、このシンプルな答えから遠ざかってしまいます。

たとえば、自分たちのプロジェクトを進めやすいように根回しに注力しすぎたりすると、本来の目的とは違うところで余計な労力が割かれます。

ですから、経営陣、管理職、そして従業員の三者の足並みが揃わないときは、テーブルの前で議論するのではなく、まずは結果を出して見せることが、複雑なプロジェクトをシンプルに実行するのに一番効果的な方法です。

## ◉――リーンスタート――短い時間で成果を出す思考法

まずは、結果を出せと皆さんにお伝えしましたが、簡単にいかないのが経営です。しかし、やりようはあります。ここでは、その進め方について話をします。

私が副社長・CDOとして、全社の変革や事業ポートフォリオの変革をしなければならないことになり、一番神経を使ったのは、前述の通り、短い時間で成果を上げることでした。

結果から言えば、副社長として丸3年間、DXを全社展開してから丸2年しか変革に与えられた時間はありませんでした。当然、まともに考えると放り投げてしまいたくなるような重たすぎる課題です。

そこで私は、「ズル」をすることに決め込みました。すなわち、フライングで変革を始めたわけです。もちろん、西井社長やその他協力者の了解のもとですが、アミノサイエンス事業本部長の後半の半年間は、ＤＸをいかに推進するかばかりを考え、用意周到に準備を進めました。

変革を全社展開しなければなりませんが、やはり味の素のメインは食品分野やコーポレート分野であり、私にはなじみの薄い分野でしたので、私の代わりに、食品分野やコーポレート分野の窓を開けられる人物を探しました。そこで見つかったのが、藤江太郎執行役専務でした。藤江専務は、ＣＸＯとしてコーポレート部門への扉を開けてくれましたし、その1年後には食品事業本部長として食品事業本部の扉も開いてくれました。

藤江氏とはそれまでも同じ志を持った仲間として勉強会なども行っておりましたが、ここで強い味方となってくれたのです。第一章で「組織を変えたいならまずは1人の仲間をつくれ」と述べましたが、まさしく私1人では難しかった食品分野やコーポレート分野の変革もこうして少人数から始まりました。

このように、自分にとっての空白領域を埋めてくれる適切な社内人財が見つかったので、次はいかにスタートするかについて、ＤＸ推進事務局メンバーと協議を行いました。私はすぐにでも全社展開をしたかったのですが、ＤＸがはじめての試みだったので、そうはうまくはいきません。

そこで、まずはDX推進準備委員会を立ち上げ、小さなスケールで1つずつ確認するようなステップを踏むという結論になりました。いわゆる「リーンスタート」です。

DX準備委員会を設立しリーンスタートのステップを経たおかげで、全社でのスタートは、約1年後となりましたが、DXプロジェクトを非常にスムーズに立ち上げることができました。リーンスタートのメリットは2つあります。

**リーンスタートのメリット**

**1　事前に流れを把握できる**

リーンスタートは小規模でプロジェクトを1周することができるため、短い時間で「実際の流れ」を把握するのに役立ちます。実際に想定よりも時間がかかる部分があることや、必要以上にコストをかけようとしていた部分があることをかなり早期に把握することができるので、プロジェクトに具体性が出てきます。

**2　起こりうるリスクの経験・対策ができる**

どんなプロジェクトであれ、規模が大きくなればなるほど、リスクのダメージも大きくなります。しかし、それを小規模のうちに経験しておくことで、リスク管理が非常に容易になります。

本書を手に取っている多くの方は、おそらく「なにかを変えなければいけない」という意識をお持ちだと思います。その意識は非常にすばらしいことです。ですが、その意識が強すぎて、いきなり大改革を起こすのは得策ではありません。このDX事例からもわかる通り、いきなり大規模な変革から始めてしまうと、リスクも大きくなってしまいます。

ですから、焦る気持ちを抑えて、「心は熱く、頭は冷静に」物事を進めていくことが必要です。

## 変革の風は外から起こす

味の素のDXで成功体験を積んだ私は、現在では社外取締役や顧問として他社のDXを指導したり、講演を行ったりしています。

その際に、必ず触れることは、次の2つです。

**・DXは、いち企業のデジタル変革ではなく、社会のデジタル変容のことを指す**

**・社会全体を覆いつくすようなDXの大波が押し寄せている今こそ、その波に乗らなければ、呑み込まれてしまう**

このことからもわかるように、いち企業がDXをやるかどうか躊躇している暇など本来はないのです。なぜなら、企業が変わる前に社会全体のシステムがデジタル化されるDXの大波が現在押し寄せており、そこに乗れない企業はあっという間に呑み込まれてしまうからです。

もちろん、いち企業だけでなく、業界ごと呑み込まれてしまう場合もあるでしょう。大抵の企業では、そこまでくると、いよいよやらねばならないかと重い腰を上げはじめるのですが、それでもなかなか前に進んでいかないのが日本の伝統企業の実態です。

その大きな理由の1つは、すでに述べた通り、事業縦割りの力学が強いからですが、実はもう1つ大きな理由があります。それは、企業内部からさえも見えにくいのですが、**縦割りのみならず、機能横割りの力学も伝統企業では非常に強いことが関係しています。**

伝統企業には、さまざまな横軸機能の活動が存在します。カイゼン、コストダウン、人財育成、教育、働き方改革、営業強化、生産性向上、ダイバーシティ推進、イノベーション、サステナビリティ、グローバル化など、最近ではコロナ対策、サプライチェーン、リスクマネジメント……と、枚挙にいとまがありません。

当然、これらはすべて全社として推進すべきテーマですが、その問題は、それらの横軸機能や活動が、**歴史的に整理されぬままやめることを知らず、新たなことばかり始めてしまうことです。それが原因で、仕事は膨れ上がり、社員の労働合計がオーバーフローし、全社としても非常に非効率でメリハリのない横軸の活動になってしまいます。**

こうなると実作業よりも、すり合わせの時間が長くなる傾向も顕著です。結果として起こるのは、多種多様の会議に同じメンバーが集まってしまう、会議だけはこなすが活動はさっぱり進まないという非常に生産性の低い状況です。この事態にすでに陥っている企業も多いのではないでしょうか？

そんな状況で、新たに全社でＤＸを始めると言われても、それこそ、忙しすぎて対応できませんというのが現場の実体だと思います。理想的には後述するように、事業縦割りの力学をポートフォリオマネジメントで整理、進化させると同時に、種々の横軸活動も、企業の目指すべき北極星であるパーパスにしたがって整理、進化させていくべきです。

しかし、このような美しい流れのなかで仕事が進んでいく企業はあまりなく、実際のＤ

X導入は、さまざまな横軸機能とその活動とのぶつかり合いのなかで、泥縄式にやっていくしかありません。

泥縄式でやっていくしかないのですが、それに消費される内部エネルギーの量は莫大です。その効率性に限界を感じた私は内部だけへのアピールではなく、外部へもアピールし、その評判をもって社内のDXへの熱量を上げることができないかと考えるようになりました。

当然、まだ全社としてのDXの実績はほとんどなかったので、西井社長と相談し、味の素のDXは当時あらたに設定したパーパスである「食と健康の課題解決企業」を実現するためのものであり、パーパス経営への転換と一体になったものでもあるという考え方を前面に出すことにしました。

要するに、味の素は社会のDXの波に乗るが、それが目的ではなく、もっと重要なパーパスの実現のためにDXをやるのだという認識を社内レベルのみならず、外部や日本の社会的な認識にしたかったのです。

そのときにタイミングよく、入会したばかりのCDO Club Japanから講演依頼がありましたので、すでに実績のあるアミノサイエンス事業本部のデジタル技術のネタを中心に、あくまでも、パーパス経営への転換を支える活動としてのDXであるという講演をしました。

これに対して、日本のビジネス界からは意外なほどのいい反響がありました。3年半前くらいのことですが、当時はまだ、日本企業でDXを本格的にスタートしている企業が少なかったことも大きかったのでしょう。

その意味で、私が、2020年に、『CDO OF THE YEAR』を幸運にも受賞したことも、大きな社内へのインパクトがありました。**外部で評判になると、社内へのインパクトも加速度的に上がってくる**から不思議です。

社外の人から「味の素さんはDXの先進企業ですよね」と言われるうちに、社員は少しずつ「自分たちはいい方向に進んでいるのでは」と感じるようになってきます。

このように、社内には最低限の説明しかしていないのにもかかわらず、DXへの関心が自然と高まっていきました。

その後も各種討論会やプレゼンなどに登壇し、味の素のDXを計画段階のものも含めて、どんどん外部発表していきました。そして、その内容は社内のIRに必ず取り上げてもらい、イントラネットを通じてグローバルな味の素グループへ発信し続けました。

そうなると、私以外にも自らの取り組みや成果を社内外に発表しようとする人たちがどんどん現れるようになります。内向き組織が前向き組織に変化してきている証拠であり、私にとっては非常に嬉しいことでした。

時間がないので、苦肉の策として、最初から外部にアピールした味の素のDX、そしてそれを指揮するCDOの戦略でしたが、日本のビジネス界の潮流に乗ることができ、幸運とも思えるくらい好調なスタートを切ることができました。

## ◉――熱意はスピードに現れる

ここまで述べてきたように、味の素のDXにはスピーディに着手することができました。ただし、副社長・CDOになった時点で、経営状況も予断を許さない状況になっていたので、いくら明るい展望は持てたとはいえ、DXの戦略立案、組織化、実行計画などは、じっくりと勉強しながら策定する余裕は一切ありませんでした。

そこで私は、集中して迅速に戦略を策定し、経営会議、取締役会を突破しました。そのスピードとしては戦略立案から小規模のテストランまで6カ月、全社キックオフまで12カ月という非常に早いものでした。

**どんなプロジェクトにも共通することですが、その覚悟や熱意はスピードに現れます。**

仮にCDOとしてDXを推進するぞと意気込んでいても1年経っても2年経ってもなにも

変わらないようでは意味はありませんし、組織に所属する社員からすれば「本当にやる気があるのか？」と思わざるを得ません。**大事なものこそ、必要以上にスピード感を持って取り組むことが重要**です。

なにより、**やる気があると口で語るよりも、その姿勢で示すことが最も組織を動かすためには必要**です。実際に、私は先ほど戦略立案から実行まで12カ月と言いましたが、具体的には次のようなステップとスピードで物事を進めました（大略の月数です）。

**DXの戦略立案、マネジメントポリシー作成：3カ月の事前準備**

**DX推進準備委員会結成：2カ月の事前準備**

**DXリーンスタート**（小規模テストラン）**：6カ月目から、6カ月間のテストラン開始**

**DX推進委員会設立、経営会議・取締役会承認、DX全社展開：開始してから12カ月**

**CDO OF THE YEAR 受賞：DXを開始してから18カ月**

**DX銘柄認定（1年目）：DXを開始してから24カ月**

**DX銘柄認定（2年目）：DXを開始してから36カ月**

この迅速な変革の実行がうまくいった背景には、もちろん西井社長との良好な関係があったことは言うまでもありません。前述した通り、同じ夢やビジョンを共有していたことで、ブレることなく変革を進めることができました。西井社長との合意により、DXはあくまでもパーパス実現の手段として行うと決定したことも、非常にいい決断でした。

## DXの「X」に着目せよ

私はCDOという立場ではありましたが、それまでデジタルの専門家だったわけではありません。むしろ、「デジタルテクノロジーへの造詣の深さ」という点で言えば、私より詳しい人間は社内にたくさんいたと思います。

それでも私が**CDOとして成果を上げることができたのは、DXの「X」の部分、つまり「トランスフォーメーション（変革）」のほうに着目したから**です。

これは、私がCDOになるにあたり、師匠とも呼べる存在である一橋大学ビジネススクールの客員教授兼味の素の社外取締役でもあった、名和高司氏の教えでもあります。

DXと聞くと、「D（デジタル）」のインパクトが非常に大きいため、つい、経営のデジタル化と考えてしまいがちですが、そうではありません。あくまで大事なのはX（変革）のほうであって、変革をするためのデジタルでなければいけません。デジタルのための変革ではいけないのです。

私は、CDO Club Japanのラウンドテーブルや各種の会合で、現在も多くの日本企業のCDOと議論していますが、CDOの権限の限界を感じている方が多いのに驚きます。

しかし、**CDOの目的はあくまで、X：変革にあるわけで、D：デジタル技術の導入という狭い責任だけにCDOが逃避してはいけません。CDOの最大の仕事は「変革」**なのですから、権限がないなら権限を持てるように働きかけるべきでしょう。

デジタル先進国であるアメリカの場合、CDOの権限は強力であり、報酬も非常に高いのが当たり前です。欧米企業なら、このような「権限」を持つCDOが企業を渡り歩き、次々にＤＸを成し遂げていくことも可能でしょう。

しかし、伝統的な日本企業の場合どうでしょうか。

伝統的な日本企業は、事業縦割り、機能横割りの権限が大変強く、多分に「内向き」であるのが特徴です。そこにＣＤＯが新たな「権限」を持って、既存の「権限」を制するような動きをすると反発と対立しか生まれません。

ですから、日本企業の組織文化的な背景のなかで、**ＤＸを推進するＣＤＯは権限を持つ努力に加えて組織の意識を変えるリーダーシップ**もなければならないのです。

このリーダーシップが、ＣＤＯ個人にない場合もあるでしょうが、社長の全幅の信頼を得ることができればＣＤＯはどんなＤＸも実行できます。

逆に言えば、伝統的な日本企業で、ＤＸを成功させるためには、ＣＤＯはなによりも先に社長の全幅の信頼を勝ち得なければならないのです。

## ビジネスは１人の天才に頼らなくていい

私はデジタルの専門家だったわけではないとお伝えしました。とはいえデジタルに拒否感があったわけでもないですし、CDO就任前からデジタルに関する基礎知識の勉強をしていました。

CDO就任の約半年前からは、雑誌記事を一通り読み直し、タイトルやその内容を一覧表にまとめることもしていました。グローバルな企業が、そして日本企業がどこまでデジタルテクノロジーやDXの活用によって、どの程度の成果を出しているのかについての大略を理解することができました。

また、私にとって幸いだったのは、そのときすでに本社にてバイオや化学、マテリアルサイエンスを主体とする事業部長や本部長をすでに10年以上経験していたことです。テクノロジーとは切っても切り離せないこれらの事業のトップを経験していたことで、デジタルテクノロジーのビジネスへの応用については、全社レベルであってもすぐに具体的イメージが湧いていました。とはいえ、それでも私よりデジタル領域に強い人財はいたでしょう。

ただ、事業のトップを経験したなかで感じていたことは**「ビジネスは1人の天才的なリーダーに頼らなくていい」ということです。これは、企業全体の変革をするときも同じ**でした。

**ビジネスを成功させるためには、それぞれ得意分野を持った人たちが能力を発揮できる**

**意思統一されたチームを結成すればいい**のです。

たとえば、全社的なプロジェクトを推進するとき、リーダーとしての私の仕事はコンセプトや目指すべき方向をしっかりと示すことですし、技術的なところは私よりも詳しい人にサポートしてもらえばいいのです。

ですから、皆さんも天才的なリーダーのように万能になる必要はありません。異種の能力を持つ人と意思統一して課題に取り組むほうが、組織全体にとっては底上げができていいということは多々あるのです。

サイドストーリー

## 組織の成長期と衰退期を見極める

私はアミノサイエンス事業本部長として、6年間で事業のポートフォリオを完全に入れ替え、利益を3倍にした経験があります。私が本部長になる前は、アミノサイエンス事業本部には、10以上の事業部や事業所があり、それぞれ本部長と事業部長・事業所長が個別戦略を立てながら事業を展開してきたのでした。

天才的なリーダーたちの集団だったら、これで成果が出るのかもしれません。あるいは、天才でなくとも、経営環境が各々の事業部や事業所がすべて右肩上がりで成長できているときは、それでいいのでしょう。

しかし、実際には、そのような都合のいいことばかりではありません、リーダーは異動しますし、世代交代します。加えて事業環境もどんどん変化します。その影響もあって、それぞれの事業には必ず成長期と衰退期が訪れます。

ですから、その見極めをきっちりと行い、投入するリソースの配分を個別ではなく、常に全体最適視点で変えていかねばなりません。それができていなかった当時のアミノサイエンス事業本部は、自分たちのことしか考えていない「蛸壺《たこつぼ》の集まり」と揶揄されていました。

そのようななかで、私が本部長に就任し取り組んだことは、アミノサイエンス全体にとって、そしてさらには全社にとって、最適なポートフォリオへの組み換えを行うことでした。そして、その実行戦略は次の3つだけでした。

1　本部運営の戦略を明示し、全員と共有化すること
2　事業横断的なマネジメントを導入すること
3　事業部や事業所単独では判断できない縮小、他部門への吸収、撤退などのつらい決断を本部長が自らすること

これら3つを実行するために、事業や事業所のトップをリーダーとして事業、事業所の縦割りに横串を差し、事業横断的な各種委員会、検討会、発表会などを企画しました。加えて、ここにはコーポレート部門や食品事業本部からも参加できるような仕組みを作りました。なかには、大変盛り上がり、全社にポジティブな影響を与えた発表会などもありました。

また、マネジメント同士での阿吽の呼吸や忖度を避けるために、アミノサイエンス事業本部としてのマネジメントポリシーを明文化し、運用を徹底しました。80%以上が海外の顧客であり、世界各地に展開するアミノサイエンス事業本部の特性を踏まえ、公用語は英語に統一し、日本においてもすべての会議は英語に統一しました。もちろんマネジメントポリシーも英語表記（日本語併記）です。

約20年前に、研究所の一室で始めたことをアミノサイエンス事業本部レベルまで引き上げて実施したのです。スケールメリットで、効果が大きく広がったのは言うまでもありません。

こうして、事業部トップ・事業所トップと本部長の一対一の打ち合わせを基本として経営していたアミノサイエンス事業本部をグローバルにワンチームとして6年をかけて転換していきました。

最初はバラバラだった事業部・事業所、そしてそれらのトップや従業員が最終的には、グローバルワンチームになってくれたことが、この6年間でやり遂げたポートフォリオ転換の最大の成功理由でした。

かつては、「蛸壺の集団」と呼ばれたアミノサイエンス事業本部は、今や味の素の成長ドライバーと目されています。この変革の体験は、私自身にとって、そして再成長を成し遂げたアミノサイエンス事業本部全員にとっても大きな自信となりました。

第三章

# 会社が目指すべき「北極星」を見つけ出せ

## パーパスは日本企業の処方箋

近年、企業や組織には「パーパス」が必要であると叫ばれるようになりました。DXと同じで、パーパスも流行り言葉になりつつあります。

ここでは、最初に、なぜパーパスが必要だと言われるようになったのかを一緒に考えるところから始めたいと思います。

**パーパスが必要な理由は、ずばり、それが日本企業の「失われた30年」の処方箋だから**です。失われた30年は前述した通り、夢を失った30年でもあります。自分たちがなにを目指していたのかわからなくなり、活力を失った企業にとって自分たちのそもそもの存在意義やこれから目指すべき場所を再定義する必要があったのです。

**パーパスは「過去と未来を繋ぐ思考法」**

本来の自分たちとこれからの自分たちを直線上で考える

【未来】
どんな企業・組織
になっていたいか
——【現在】
今の姿——
【過去】
創業のときの理念

過去から未来までを一直線上で考えることで
「自分たちしか生み出せない価値」「自分たちが果たすべき使命」
が見えてくる

パーパスとは、創業という過去とこれからの未来を一直線上で考え、もともとの自分たちとこれからの自分たちの両方から、あるべき姿を考える思考法です（上図）。

## ●——宣言することから始めた味の素のパーパス経営

パーパスについて概要を理解したところで、味の素のパーパス経営への転換について振り返ってみます。

そのきっかけは、DX同様に業績の悪化という強い危機感でした。もともと、味の素は海外食品事業の伸びとともに成長してきた企業です。

ところが、前述した通り、西井社長が就任してから4年ものあいだ、業績および株価は一方的に低下していました。くり返しになりますが、業績が悪化した会社はどんどん内向きになっていきます。そして**内向きになっていくと目標を見失い、迷走**していきます。

こういった状況のなかでは、社員も目標を見出すことが難しく、自分たちが停滞していることを自覚しながらも現状維持の意識が強くなります。

私や西井社長はそういった社内の空気を打破するために**「自分たちの本来の姿とありたい姿」を同時に示すことができるパーパス**の概念を味の素に持ち込むことにしたのです。

よく、「パーパスとDXをどうして同時に語るのか」と聞かれますが、わかりやすく言うと、味の素にとって、**パーパスは自分たちの目指すべき方向を示す「北極星」で、DXは北極星を見つけるための「道具」**でした。

つまり、私たちはパーパスを実現するという変革の目的を明確にした上で、変革の道具・手段として、DXを選択したのです。

パーパスの実現を変革の目的にすることなしに、DXを始めていたらデジタル化の大波に乗ることまではできても、どこに流されるかわからないままただ漂流することになっていたでしょう。

2023の『DX白書』(IPA：独立行政法人　情報処理推進機構)の表紙のタイトルにある『進み始めた「デジタル」、進まない「トランスフォーメーション」』のように、多くの

2020年に発表した味の素の「DX宣言」

**食品産業は、DXで変わった**

もし、競争の厳しい米国やシンガポールに会社があれば、うちはもう潰れています。

まず、見て歩く。自分の目と足でDXの現場を歩く。今と同じ仕事をしていたら、1兆円企業ではいられない。

昨年CDOをアサインし、研究開発、マーケティング、SCMなど5つの小委員会を作りキーマンを結集した。これからは全てがデジタルになります。

出所:『日経ビジネス』2020年3月30日号『経営改革の最終兵器　DXって何?』をもとに著者作成

日本企業が迷い込んだＤＸの迷路を味の素も歩き回ることになっていたはずです。

西井社長のすばらしいところは、多くの抵抗が予想されるＤＸの取り組みによるパーパス経営の実現を不退転の決意でやり切ると宣言したことです（上図）。

しかも、社内での宣言は当然としても、その完全なるコンセンサスが得られる前に、外部でＤＸ宣言もしたのです。これには、さすがの私も驚きました。なんという大胆な決断、そして、決意でしょう。本当にあっぱれです。

社長の決断に正しい順番があるかどうかはわかりませんが、味の素の場合、これでよかったのです。また、私は西井社長流のこのやり方こそ、日本企業が直面するＤＸ

推進の課題を克服するためのリーダーシップなのではないかと思います。

トップ（リーダー・マネージャー）が宣言をすると組織は目指すべき頂上をはっきりと認識することができます。多少の不平不満は出るかと思いますが、ゴール地点が見えたことによって、それは「意味のない愚痴」ではなく、「有意義な意見」へと変わっていきます。「こうしたほうがいいのではないか」「ここは変えてはダメだ」など、真剣かつ前向きな意見が味の素で出るようになったきっかけは、ゴールをしっかりと示した西井社長の宣言にあったと思います。

## パーパスは「自分ごと化」の原点でもある

パーパス経営とDXの関係性について話しましたが、その導入の順番は、どちらでもいいと私は思います。パーパス経営は、DXをも包含した企業変革戦略そのものであり、まずは、その設計から入るというのがセオリーかもしれません。しかし、会社の経営は教科書に書かれている通りにはいきません。

味の素の場合は、DXを先行させて、パーパス経営への転換は、そのあとに行いました。

### 味の素が掲げた「新SDGs」

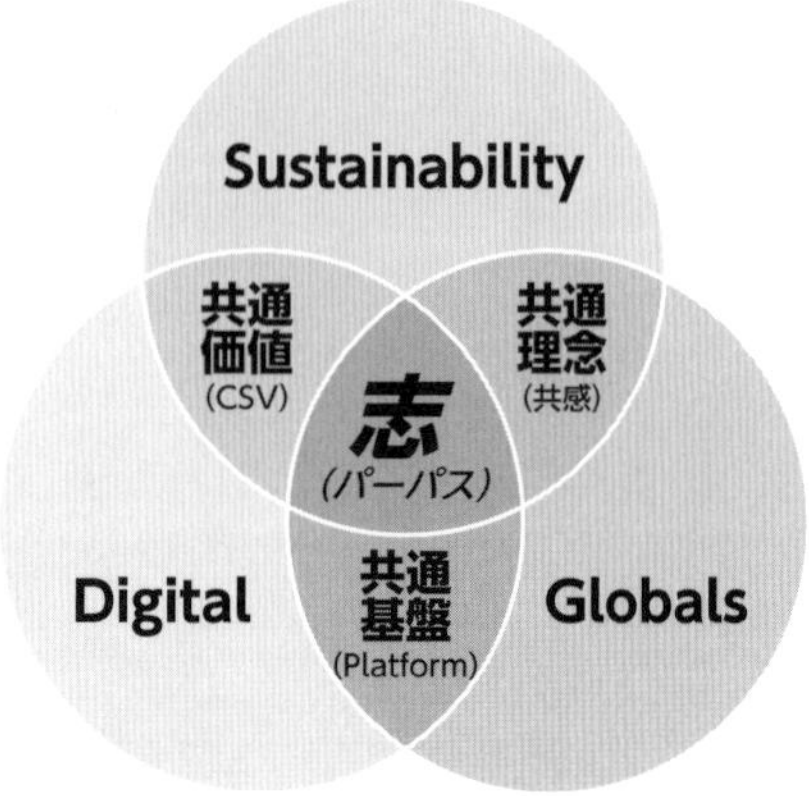


出所:『パーパス経営　30年先の視点から現在を捉える』名和高司著、東洋経済経済新報社、2021年

そこには1つ大事にした考え方があります。味の素の社外取締役でもあった名和先生の提唱するパーパス経営の概念です。

上図からおわかりの通り、この概念は「新SDGs」と名づけられています。

しかし、サステナビリティ以外は変更(Development→Digital、Goals→Globals)されており、まさに日本企業が必要とする3つの要素がメッセージとして込められています。

新SDGsの図のなかには、当然デジタルのポジションも示されています。味の素では、この新SDGsを目指すところとしました。

DXを行うと不安や政治的な理由などを背景にさまざまな抵抗が実際は噴出します。

味の素の場合も、当初は相当対応に苦労しました。

最終的には、結果を出して納得してもらうしかないのですが、まずは**どうしてＤＸをやらなければないのかという抜本的な問いに対して、丁寧に矛盾なく答えていくことが必要**です。やらなければ、「社会全体を襲うデジタル変革の大波に呑み込まれてしまう」という表現を私はよく使います。

しかし、これは経営トップには響く言葉ですが、中堅以下の組織全体にＤＸを自分ごと化してもらうには不十分です。

ですから、全社員に戦略の目的を明示した上で、社員自身の目的、会社の目的、そして社会における目的を共通のものとして同心円上に配置しなければなりません。このことを可能にするのが、パーパス経営です。

したがって、**自社のパーパスをなんと定義するかは非常に大切で、まさに自分ごと化の原点、試金石**とも言えます。当然ながら、ＤＸを行う目的もパーパスの実現になるため、この2つは、それぞれ別々で語るものではなく、セットなのです。そのことを理解しなければいけません。

## 理解できないと言われたCSV経営からパーパス経営へ

前述の通り、味の素のパーパス経営宣言はDXのあとでしたが、以前からCSV経営（コーポレート・ソーシャル・バリュー）を味の素は行っており、企業の経済的な成功と社会的課題の解決を両立させる方向性は模索していました。

企業の目指すべき方向、そしてコミットメントをどのように取るのか長期間、役員のあいだで議論を行ってきました。西井社長が就任したときのコミットメントは、「味の素グループの調味料を使用しての世界の野菜消費量を○○万トン、肉類の消費量を△△万トンにする」という内容でした、

西井社長は、アナリストに対する説明も、この通り行いましたが、「言っていることの意味がわからない。野菜と肉の消費量が、どのように味の素グループの成長に寄与し、かつ世界の人々の健康への貢献に結びつくのか理解しがたい」と多くの質問が寄せられました。

しかし、当時は、CSV経営によるこのようなコミットメントを公式に宣言する企業はまれだったので、私たちもステークホルダーになかなか理解されないのは、仕方のないこととして、しばらくは平然と同じ説明を繰り返していたのです。残念ながら、少々傲慢だ

## 社長の決意　変革への強いコミットメント

### パーパス経営

「食と健康の課題解決企業(＝ASV)」に生まれ変わる事を宣言しました。10年後には10億人の健康寿命の延伸に貢献します

出所：2020年味の素統合報告書

### DX

生活者のUXを激変させる食の新事業を創造してゆく

出所：『フードテック革命　世界700兆円の新産業「食」の進化と再定義』、田中宏隆、岡田亜希子、瀬川明秀　著／外村仁　監修、日経BP、2020年

### コロナ対策

COVID－19と闘う人々のウエルネスに全力を尽くします

出所：味の素コーポレートサイト

2010年　2020年　2030年

グローバル経営、成長 ＞ 働き方改革・ダイバーシティ・ESG経営 ＞ DX変革　企業文化変革 ＞ DX　社会変革をリード

GLOBAL TOP10クラス　食品企業：中期計画経営 ＞ 食と健康の課題解決企業：パーパス経営

ったのかもしれません。いくら時間が経てどなかなか理解されませんでした。

このときはまだ、世界トップ10クラスのグローバル食品企業を目指すことが味の素の成長目標でした。そのためには、なんとか大きな規模感をアピールしたかったのでしょう。それほど、経営目標の設定に対して規模へのこだわりが強かったのです。

しかし、残念なことに、業績も株価も低迷、時価総額は1兆円を割り、取締役会でも経営の方向性が疑問視されるようになりました。

そこで、味の素が本来目指すべきところを明確にするべく、パーパスを策定しました。役員の合宿で多くの議論を重ね、「アミノ酸の力で、食と健康の課題を解決する」

ことを味の素のパーパスにすると決めました。

しかし、それだけでは全社員、グループ従業員が腹落ちしたことにはなりません。最初はバズワードのように飛びつきますが、やがて求心力を失うのは明白です。そこで、西井社長と私が一計を案じて行ったのが、パーパス策定だけでなく西井社長によるパーパス経営への転換宣言でした（前ページ図）。味の素は生まれ変わると大々的に示したのです。その宣言前までは、味の素は、「グローバルトップ10クラスの食品企業」を標榜し、M&Aなどによる食品分野の規模拡大を追いかけていました。

しかし、結果は規模こそ拡大しましたが、利益が伴わず、株価低落を招いていたのです。このような状況を脱するためにパーパス経営への転換は、ステークホルダーが最も注視する統合報告書で行われました。これが、味の素の歴史上、はじめてのパーパス経営への転換の瞬間でした。

## ステークホルダーとのあいだにあった見えない壁

味の素は長い間、アナリストから、「言いたいことは言うが、言うべきことは言わない会社」と言われてきました。

結果としての評価は、株価の長期低落です。それでも、いざＩＲの出番になると、スタッフは同じようなストーリーを質疑応答まで含めて用意します。私はこれを「分派経営」と呼んでいます。

簡単に言うと、担当部署や担当者にすべて任せてしまうことです。ある意味、これを「ボトムアップ」や「人財育成」と勘違いしている側面も過去の味の素にはあったように思います。

従業員にとっても、**伝統企業である味の素には、よきにつれ、あしきにつれ、固定化された伝統的な食品会社としてのイメージがあり、「こういうものだろう」という空気が流れていました。**このイメージや空気を支えてきたのが、味の素の企業文化・風土なのです。

多くの従業員にとって、この味の素の企業文化は、慣れ親しんだものであり、誇れるものなのかもしれません。しかし、外部のステークホルダーはもっと冷静ですから、**状況によっては、この味の素の企業文化こそが問題だと感じられるのです。つまり、実は自分たちが大切にしているものこそが１番の批判の対象だった**のです。

ステークホルダーとの対話が重視される時代になって、味の素も他社同様、どんどん必要な開示をしてきたつもりでした。それなのに、「味の素は、言いたいことは言うが、言うべきことは言わない」と外部のステークホルダーからは、指摘され続けてきたのはなぜでしょうか？

その理由は、味の素と社内外のステークホルダーのあいだに、「見えない壁」があったからです。**その見えない壁とは、社長を筆頭とする経営陣が、気がつかないうちに自らがつくってきた壁**でした。

外部のステークホルダー、たとえばアナリストはいつも、業績数字の開示だけを細かく要求しているように味の素の経営陣は考えてきました。

しかし、実はこれは表層上の要求事項でした。企業の業績が低下しだすと、アナリストの本当に聞きたい質問は、「業績の底の見通し」でも、「業績予想」でもありません。「経営陣が自らコミットした数字をやり切る覚悟があるのか」「経営基盤であり、土台となる企業文化・風土が健全で、部門間の風通しがよく、全社で同じ方向を向いているかどうか」そして、「社長が『覚悟』をもってリーダーシップを発揮しているかどうか」などに移ります。

ですが、それを直接的に批判するのは憚《はばか》られるので、遠回しに「言うべきことを言わない会社」と言ってきただけだったのです。

事実、パーパス経営に転換して、西井社長の言葉で、考えていることをしっかりと発信するようになってからは、業績が上がりはじめるよりも先に、社外のステークホルダーから「社長の覚悟が見える」などの非常にポジティブなコメントをいただくようになりました。

事業パフォーマンスが上がってくると、仲良しグループに安住しがちだった従業員も社長の覚悟を感じて、チャレンジすることに目覚めます。こうして、エンゲージメントも自然と上がりました。

**ステークホルダーが本当に見たいのは、経営陣が壁を取り払って始めて見える経営陣や社長の信念と覚悟だったのです。**

**企業が大きな経営変革を行おうとするときには、従業員にボトムアップ型の改善の積み重ねを迫るのは効果的ではありません。従業員にも社外のステークホルダーにも、経営、特に社長の覚悟を最初から見せるべき**です。

西井社長が始めた、社長としての覚悟の見せ方は、それからの味の素の経営のモデルにもなりました。

2022年に社長は藤江太郎氏が就任し、経営陣も世代交代をしました。企業変革、成長スピードはますます向上しています。現在のパーパスは、「アミノサイエンス®で、人・社会・地球の Well-being に貢献する」です。

注目すべきは、これまでの伝統的価値観を表す「食」という言葉がなくなったこと、そして、食品事業とアミノ酸事業の両方に共通する味の素独自の用語「アミノサイエンス®」という言葉を用いたこと、さらには、健康という概念を「Well-being」という、より広範で上位である概念に置き換えたことです。

これで、新体制の目指す姿、すなわち、信念と覚悟が非常に鮮明になりました。もう、味の素にステークホルダーとの「見えない壁」は存在しません。

私は現在、他社の顧問や社外取締役などを引き受けていますが、社長や経営トップの方たちに、大きな変革を行うときにはトップダウンでやるように指導しています。トップダウンでやることを決めるのは、もちろん社長であり、これには相当の信念と覚悟がいるのは間違いありません。

しかし、その覚悟こそが会社の運命を決めるのです。

サイドストーリー

## パーパス経営の成功には共通点がある

私や味の素の経験ばかりを語ってしまったので、箸休めとして有名な事例であるソニーの「平井改革」について、私の見方をお話したいと思います。

ソニーの平井一夫社長の改革は、非常に有名で、多くの本や記事が発表されています。そんな平井改革で私の印象に強く残るところは、次の3つです。

1　経営に対する強い危機感
2　「KANDO」をパーパスにした経営変革
3　変革を実現する手段としてのDX

こうして見てみると、味の素とまったく同じポイントであることに気がつきます。

我々も、危機感からパーパス経営とDXを同時に進めて再生しました。

しかも、似ている点はそれだけでなく、ソニーの平井社長もその実現のために、自分にない異質の能力を持った複数の実力者を説得し、変革のパートナーとしてチームを結成していたのです。その結果、ありがちな社内からの抵抗やOBらの画策などを押し切って見事にソニーを復活させました。

もちろん、結果を出せたからこそ賞賛され、いわゆる勝てば官軍扱いなのでしょうが、改革の成果がでるまで、世間やマスコミの見方は極めて厳しかったと記憶しています。私の経験からしても、社内からの抵抗はかなり強かったのではと推察されます。それでも、あらゆる困難を乗り越える「夢」を持ち続け、自分にはない異質の能力を持つ人財をパートナーとして変革チームを結成し、見事にやり遂げたことは賞賛に値します。

異質のパートナーを見極める人物選定能力を持っていることが必要ですし、変革をリードし、全社をけん引する錦の御旗《みはた》も必要です。その錦の御旗こそが、ソニーのパーパスである「KANDO」でした。

平井社長の変革パートナーの1人である鈴木智行さんとお話をしたことがあります。卓越した技術者であり、経営者であると同時に激しい情熱の持ち主です。彼のプレゼンテーションを聞いたとき、ただ者ではないとすぐに察知しました。

ソニーの平井改革は、まさに夢を実現するパーパス経営だったと言えます。ソニーのパーパスは、現在は、「クリエイティビティとテクノロジーの力で、世界を感動で満たす」に拡大発展しています。

このように、ソニーと味の素の再生にはかなり多くの共通点があります。これは偶然ではなく、おそらく必然でしょう。どちらも、特別なことをしたというわけではなく、「ダメなものをダメだと認識し、新たな挑戦を続けた」だけです。ですが、この当たり前のことを当たり前にこなすことに経営の神髄があると強く感じています。

第二部

# 変革の夜明け

日本企業が抱える問題点を理解することは大事ですが、それだけでは不十分でしょう。問題を見つけたからにはそれを解決する策が必要であり、実行する意志も求められます。

「変えたいけど変えられない」「どうしてもうまくいかない」。これらには、「戦略」か「意志」のどちらかが欠けていることがほとんどです。

ここからは、私が多くの経験から見つけ出した戦略や実際に心に誓ったことを通して、皆さんと会社を変えていくとはどういうことなのかについて考えていきます。

これから紹介することは、机上の空論では終わらないものばかりです。その証拠として、味の素はV字回復以上の大きな成長を遂げました。そのエッセンスを余すことなく解説します。

勇気と好奇心を持って、ともに進んでいきましょう。

## 複雑骨折をしている組織を立て直せるかどうかはやり方次第

当時の味の素では、人事育成は基本的にローテーションです。私の場合は、その配属先が基本的にパフォーマンスの悪い部署ばかりでした。一時は左遷人事とも思っていましたが、あまりにもそういった状況が続くと、開き直って「自分は再生屋なんだ」と思うようになりました。もうお気づきの方もいるかもしれませんが、私のエピソードが基本的にどん底から始まるのはこういった背景があります。

再生屋を自負するようになってから、身についたものがあります。それは「変革のマネジメント」です。組織の悪いところを見抜き、容赦なく直していく、そんな具体的な手法を私はキャリアを通して学ぶことができました。

**再生しなければならない組織は、いわば「複雑骨折状態」です。表層上の問題が多すぎて、全体をどう手術したらよいか、よくよく考えないと、失敗に終わってしまいます。**もしやり方を間違えると、状況がかえって悪くなることもあるでしょう。

ここまでは組織の構造や文化について見てきましたが、ここからは具体的な手法を一緒に学んでいきたいと思います。

## プロジェクト進行をスムーズにする「7分割法」

どんなプロジェクトであれ、他部署や外部との連携なしに進められる仕事はありません。皆さんも自分では確信を持っているプロジェクトでも、他部署や外部との調整がつかずに頓挫してしまった経験があるのではないでしょうか。

大企業だと、こういった傾向が非常に顕著です。特に利益不利益だけではなく、派閥的にNGということも多々あり、仕事の大きな障壁となっていました。私の場合は、所属先のパワーも強くなかったので特段その壁は高いものでした。

そこで考え出したのが、プロジェクト遂行の思考法である「7分割法」です。**7分割法**

**とは、必要なプロセスを7つに分けて考えることで、シンプルかつスムーズにプロジェクトを遂行する方法**です（次ページ図）。また、「はじめに」で紹介した、変革のねじれの加え方の重要な1歩でもあります。どういうことか見ていきましょう。

大企業に限らず、大きなプロジェクトを進めていく際、説得しなければいけない人の数はおおよそ7〜10人です。加えて、難しいのはこの7〜10人は社内の人間だけでなく、取引先や関係会社の人も交じっています。

失敗してしまうプロジェクトの多くは、これらの「説得しなければならない人物」を同時に説得しようとしてしまうことがほとんどです。この7〜10人が協力的であればそれでも構いませんが、大半は保守的であることが多いため非協力的です。

そんな状況のなかで同時に物事を進めようとしても、むしろ反発を生み、反対派として結束を強めてしまうだけです。

ですから、交渉しなければいけない人物とプロジェクトの流れを整理して、やることを常に1つに絞っていくことが必要なのです。

## 1　やることを常に1つに絞れる

この7分割法には、大きく2つのメリットがあります。

**7分割法**

複雑なプロジェクトをシングルタスクの連続として考える

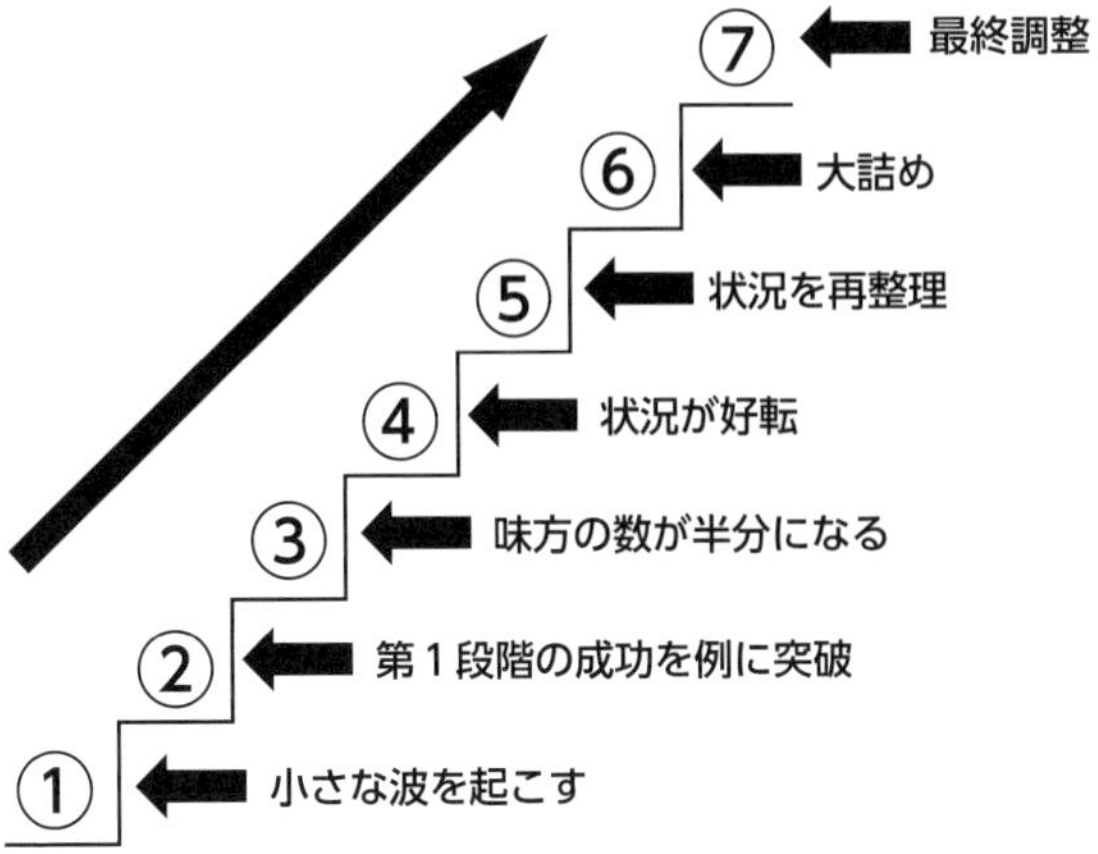


プロジェクトの全体を通して見れば、交渉相手は複数ですが、「今」に限れば交渉相手は1人と考えることができます。そのため、相手のボトルネックはなんなのか、なにをクリアすれば承諾をしてくれるのかなど、その相手に対して「今やるべきこと」だけに専念することができます。

## 2 小さな波が大きな波になる

7分割法では、交渉が1人成功する度にそれが小さな波となって、ほかの人にも影響を与えます。「あの人が承諾するなら」「あの部署がOKならば」「あの会社が乗るなら」と主要人物を1人説得するだけで大きな波が生まれ、後半になるにつれてプロジェクトがスムーズに進んでいきます。

この2つめの特徴からもわかる通り、**7分割法では最初の1人を説得することが非常に大事**です。1人めで決まると言っても過言ではありません。ただ、それはハードルを上げる意味ではなく、それまで自らプロジェクトを複雑にしていたがゆえに割いてしまったエネルギーを1人めだけに向ければいいだけです。心配する必要はありません。

詳しいプロセスを私の経験を通して紹介します。

## ◉——味方がゼロからプロジェクトを成功させた7分割法

7分割法を思いついたのは、味の素グループの1つである「タイ味の素」に赴任していたときのことです。

当時のタイで主力の3つの工場は、C重油という重油を燃料とするボイラー設備を稼働させて、工場で使用する熱源としていました。

ところが、タイで石油は採れませんので、C重油は輸入に頼っていました。また、自家発電も行っておらず、工場の原燃料エネルギー費は上がる一方でした。

この高コストに頭を抱えていた私は、なんとかほかのエネルギーに代替できないかと考えたところ、3つの工場のC重油をほかの原燃料に転換し、出てきた余分な水蒸気を発電に回せば、原燃料とエネルギーコストが年間100億円も節約できることがわかりました。数年かけて、3つの工場の原燃料をC重油から天然ガス、バイオマス、石炭にそれぞれ転換し、最終的にはすべて水蒸気の余力を用いての発電であるコジェネレーションを導入することで、目論見通り年間100億円を超えるコストメリットを享受しました。しかし、その交渉は非常に困難なものでした。

石炭への転換は、環境意識の高い社内の人間はほぼ100%反対でしたし、タイ国内でも、石炭を用いた発電は過去に大きな環境問題を起こしており、反対者も少なからずいました。普通に提案しても成功確率は0%の状況です。

しかし、3つの工場のうち、1つの工場だけは、どうしても天然ガスやバイオマスは入手できない状況で、石炭ボイラー、コジェネレーションしか選択肢はありませんでした。また、C重油から石炭へ原燃料転換すると、当時で年間20億円ものコスト削減がでると試算され、設備投資額はそれ以下でしたので、私は1年で回収できると判断したのです。

この工場での生産品目は、いわゆるバルク系のすでにコモディティ化したアミノ酸で、直近では利益が出るかどうかの工場運営を余儀なくされていました。要するに事業継続自体が危うい状況だったのです。

そんな状況のなかで、なにがなんでも、この石炭への原燃料転換とコジェネレーション導入を成功させねばならないと私の心に決断のスイッチが入りました。賛同者はゼロからのスタートです。

今から考えても、本当に勇気ある決断でしたし、我ながらよくやれたと思います。環境懸念から、石炭への反対・反発プレッシャーは当時から大変高く、現在では味の素グループ全体でも石炭は使用しないというポリシーが出来上がっています。長年活躍した石炭ボイラーですが、今はいわゆる混合燃料型のボイラーに転換され、木材チップを主原料にしたバイオマスによる「ゼロエミッション型」になっています。このことは、もちろん最初から計算済みでした。

しかし、社内外含めて、100%が反対者で、うかつに動こうものなら、少なくとも社内的に完全否定をされることが見えていました。そこで、編み出したのが7分割法でした。

石炭への転換は技術的なプロジェクトではありますが、その意思決定はもちろん人間であり、技術そのものを理解しない人もいれば、政治的にしか動かない人もいます。そのため、**キーポイントは、それぞれのステージにおいて説得する相手の特性を踏まえ、十分な説得材料や複数のシナリオを用意できるかどうか**です。

実践してわかったことですが、やはり最初のステージで成功することが非常に大切です。最初のステップは、全体の7分の1で、15％の成功に相当します。これを意思決定者10人がいると仮定すると、1・5人に相当するわけで、この成功により意思決定者10人のなかに、ちょっとした「小波」が起こるのです。

次の第2ステップを成功させると、10人のうち3人が同意したことになりますで、「小波」が少しずつ大きくなります。この状況になると、少し自信が出てきます。なぜならば、次の第3ステップを成功させると、ほぼ半数の45％、10人のうち4〜5人が賛成することになるからです。

私は、第2ステップがプロジェクトを成功を決める「Tipping Point」（転換点）だと思っています。

10人中3人が同意して、味方になり、いろいろ自発的に動き出すわけですから、こんなに心強いことはありません。

第3ステップを越えると、ほぼ成功と言えるでしょう。その後は雪崩を打ったように賛同者が増えていきます。それが、この「7分割法」の妙味です。このようにして、私はタイでの成功を収めました。

実は、この7分割法は味の素の再生、すなわち時価総額1兆円割れからの脱出にも用いています。
詳細は後述しますが、味の素全体を変えた7つのステップは以下の通りです。

**組織変革の7分割法**

**1　派閥、分派を超える**
**2　変革の同志を集める**
**3　戦略と実行部隊を組織化する**
**4　用意周到に全社展開をする**
**5　変革のプロセスをマネージする**
**6　成果を出して、組織風土を変える**
**7　次世代にバトンタッチする**

## 「プロジェクトマネジメント」と「変革のマネジメント」

7分割法に加えて、組織を変える上で重要な点が2つあります。

1つめはプロジェクトマネジメントです。DXプロジェクトもそうでしょうし、味の素のように、時価総額1兆円割れからの脱出プロジェクトなども該当します。会社には課題が浮き彫りになる度にプロジェクトが立ち上がります。

そのゴールは所定の設定数字の達成であり、プロジェクトゴールは数字で明確に表せます。というよりも、ここで語るべきは必ず「数字」でなければいけません。

これは、数字至上主義という意味ではありません。ただ、プロジェクトが健全に進んでいけば必ずなにかの数字に表れます。

たとえば、DXであれば、社内の作業効率が向上し、大幅に納期短縮になったり、採用改革をすれば人数や男女比などの数字に表れます。つまり、**数字のために働くのではなく、自分たちの成果が数字であると考えればいいのです。**

加えてもう1つ、組織を変える上で重要なのが、**組織風土・文化の変革です。言い換えれば「変革のマネジメント」**です。

変革のマネジメントが必要な理由は、いくら最新のテクノロジーを導入するプロジェクトを実行して、**企業の生産性を高めようとしても、そのテクノロジーを活用して、成果を出すのは人であり、その人の意識が変わらないとなんの意味もない**からです。

人の集団としての組織なので、その組織の仕事のやり方や組織風土を変えなければなんの成果も出ないですし、テクノロジーの導入プロジェクトのコスト分だけ、オペレーションコストも上がります。最悪の場合、これまで以上に忙しくなる割には、成果がまったく出ないという皮肉な結果になってしまいます。

この皮肉な結果に陥る傾向が特に強いのが、ＩＴやデジタルそして、ＡＩにかかわるプロジェクトであると私は考えています。その代表例が、第二章でもお話ししたＤＸでしょう。

かつて、ＩＴが人間の定型業務を置き換えてきたときに、多くの日本企業は諸外国の企業に比べて、１周目の後れを取りました。ＤＸの効果を十分に発揮できないままに、多くの日本企業が２周目の遅れとなりつつあるのが、ここ数年の出来事です。

加えて、生成系のＡＩでホワイトカラーの定型業務を置き換えようとしている現在、多くの日本企業は諸外国の先進企業に比べて、３周遅れの危機に直面していると言えるでしょう。

生成系ＡＩの導入を変革プロジェクトとすると、技術の導入部分は日本企業も得意とするところです。しかし、それを使いこなし、組織の生産性や成長力を取り戻すために、仕事のやり方を常に変えていくチャレンジングな風土に変革していくことを日本企業は苦手としています。日本の製造業は強いと言われてきましたが、それも製造プロセスの技術開発

## リーダーに必要な2つのマネジメント

### プロジェクトのマネジメント

**目的** 品質コスト・納期の管理

**焦点** 技術的側面・プロセス的側面

＋

### 変革のマネジメント

**目的** 人が変化を受け入れ、新しい状態にいち早く移行できるようにすること

**焦点** 人的側面（人の意識、考え方、モチベーション、行動様式、組織文化）

## 変革に必要なカルチャー

いい組織文化ではマネジメントから現場までが連動している

| | | |
|---|---|---|
| **事業本部長**<br>**副本部長** | カテゴリー A<br>トップ・本社機能 | 事業本部全体の事業成長・ビジョン実現のための活動ができている。 |
| **事業責任者**<br>**部長・組織長** | カテゴリー B<br>事業マネジメント | 事業本部ビジョンを踏まえ、担当領域の発展、成長のための活動ができている。 |
| **現場マネージャー**<br>**課長・係長** | カテゴリー C<br>職場マネジメント | 担当領域の発展・成長に貢献する職場を実現するための活動ができている。 |

C-1　職場の目標管理：職場・個人のPDCAが回せている。
C-2　職場の組織運営：意欲・創業力の発揮が出来ている。
C-3　職場の業務管理・業務遂行体制の維持・改良をしている。

に熱心だったことのみでなく、自動化や巧の技の積み重ねの努力が実を結んだ結果でした。

ところが、ＡＩなどの発達で、巧の技が数字化、一般化されて、機械が人間を置き換える時代にすでになってしまい、多くの日本の製造業の競争力が失われつつあります。

もともと、「技術は一流だが、経営は三流」と揶揄されがちだった日本企業ですが、強かった技術も追い越され、経営力の１つの指標である、ホワイトカラーの生産性の国際ランキングはますます下がりつつあります。これらのすべての理由は、企業の組織風土にあると言っても過言ではなく、組織風土こそ変革する必要があります。

## 組織文化の向上は業績に直結する

私が多くの場所で企業変革・組織変革の重要性を説くと、「組織文化を変えることと業績向上は直結しないのではないか」というような質問をされることがあります。

たしかに、せっかく労力を割いて、会社の文化を変えたのに業績が変わらないのであれば、意味がないと考えるのは当然でしょう。

結論から言うと、**組織文化が変われば業績も向上します。**

## 味の素でわかった組織文化診断スコアと業績の相関

組織文化がよくなれば業績もよくなる

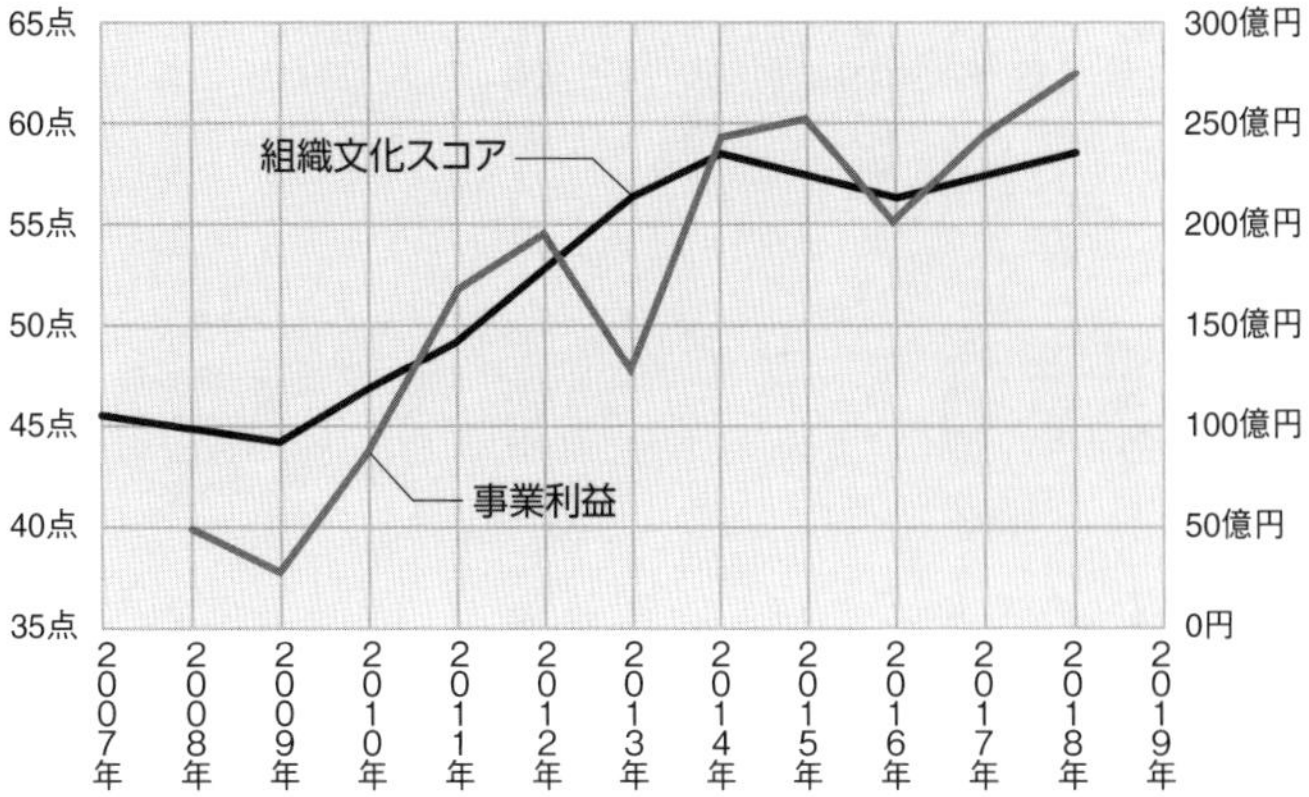


出所:『組織文化は企業業績に直結する』(論文)福士博司、渡部乙比古ら、2019年

上の図は、私が味の素のアミノサイエンス事業本部長時代に、ＪＭＡＣ（日本能率協会コンサルティング）の組織文化診断を用いて解析したＢＰ（事業利益）と組織文化診断結果の相関を示した図です。

10年間で組織文化スコアとＢＰを双方ともに、右肩上がりにすることができました。ＢＰの振れ幅は大きいですが、流れで見た場合は組織文化スコアと併せて上昇傾向にあるのがわかるでしょう。

組織文化診断には１２０以上の質問があります。その質問は、日常の業務に関する質問から構成されています。ここで表示した組織文化診断スコアは、アミノサイエンス事業部門に所属する人のなかで、質問に対してのポジティブに回答した人数の平均値です。
質問は次のような、カテゴリーから構成されています。私が作成した、当時のアミノサイエンス事業本部のマネジメントポリシーにまとめたものを示しますので、参考にしてみてください（もちろん、質問の内容は変更されることもあります。また、企業の特性に応じてカスタマイズも可能です）。

**組織文化診断スコアで使用した質問例**

・文書化は進んでいますか？
・個人目標と組織目標は連動していますか？
・目標設定とフィードバックは適正に行われていますか？
・職場内のコミュニケーションはスムーズですか？
・システマチックな仕事ができていますか？
・仕事にやりがいを感じますか？
・仕事は自分でコントロールできていますか？
・職場の生産性の向上を実感していますか？
・顧客との関係は良好ですか？

・顧客起点のマネジメントができていますか？
・自己の成長を実感できていますか？

このような日常的な業務プロセス要素で構成されており、それが１２０以上あるため、まさに企業業務の側面をすべて繋ぎ合わせたものになっています。

私がアミノサイエンス事業部の本部長になったときには、事業本部は６つほどの大きな事業部と事業部までいかない小組織を合わせて12の組織の固まりでした。前述した通り、蛸壺《たこつぼ》の寄せ集めとも酷評されていたアミノサイエンス事業本部の全体をどう再生しようかと必死に考え、過去の業務レポートを見たり、本社経営企画部門、労働組合などからのヒアリングも行いましたが、当初はどうも全体をたばねる特徴やピントを掴めずにいました。

そこで、アミノ酸事業部の部長時代にＪＭＡＣの組織文化の診断結果を活用したことを思い出し、１週間かけて、12組織の過去の組織文化診断結果を徹底的に解析し、共通の特徴をあぶりだしてみました。すると、**各組織、強みとするところはそれぞれでしたが、弱みは４つほど共通していることに気がつき**、アミノサイエンス事業本部の組織文化向上の方針として強化に取り組みました。具体的には、次の４つです

**1　グローバルでシステマチックな仕事の仕方の推進**

（グローバル化に必要なこと）

**2　個人目標と組織目標の連動性**

（個人の成長の実感、能力向上の実感、従業員満足度の向上）

**3　顧客起点のマネジメントの徹底**

（あらゆるマネジメントを顧客起点で考える）

**4　全質問に対する、YES回答率の平均を底上げする**

加えて、なんとなく方針だけを示しても、組織は動かないので、アミノサイエンス事業本部をどのような組織にしていくのかを明文化してマネジメントポリシーを策定しました（日本語と英語の両方）。また、その重要項目として、「組織文化の向上」を位置づけ、行動を徹底しました。

その結果、6年間でマネジメントポリシー通りに事業本部を変革して、事業利益を3倍にすることができました。その成果は、JMACとの共同論文として発表しています。

現在、人的資本や無形資産の重要性が指摘されはじめていますが、当時は非常にレアでした。そのようなときに「組織文化診断の結果を高めることで、アミノサイエンス事業本部全体の業績を上げる」と全社のプレゼンテーションで宣言したところ、反応がほとんど

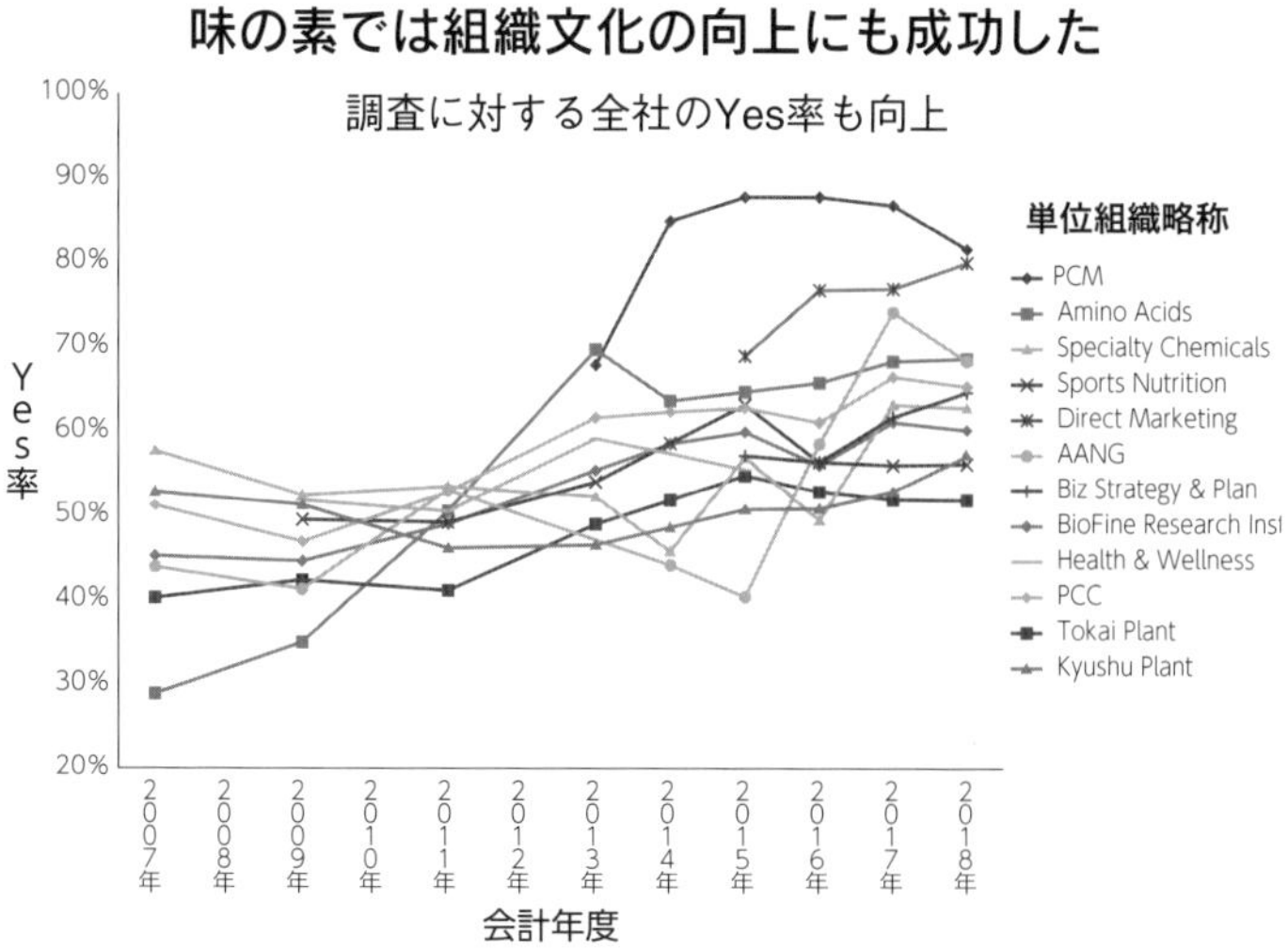


なかったことを覚えています。

その後、味の素がパーパス経営に転換し、DXを始めたときにも、組織文化と業績の相関について、どちらのスコア向上が先かという因果関係の議論が行われました。

多くは、相関はあるが因果関係は不明といった議論でしたが、取締役会でこの議論になったときに、アミノサイエンス事業本部長時代の経験から、自信を持ってこう答えました。

「トップだった私が、業績のために組織文化診断値を上げると宣言し、全員で実行し、結果が出たのだから、因果関係は明らかです。組織文化診断の結果が先でも、業績が先でもありません。トップの意志こそが先なのです」。

反論はまったくありませんでした。その後のパーパス経営への転換で、この「組織文化を変える活動」が、グローバルにもエンゲージメントサーベイとして展開され、企業業績を大きく飛躍させたことは言うまでもありません。

## 迷ったらシンプルに収益力に磨きをかける

日本企業は、近江商人に代表されるように、「三方よし」すなわち「売り手によし、買い手によし、世間によし」をビジネスの基本としています。

多くの伝統企業がそうであるように、味の素も調味料であるグルタミン酸ソーダ、調味料商品である『味の素』を発明して以来、健康とおいしさ、そして環境にいい事業を展開しています。

しかし、どうして同じ食品カテゴリーのネスレのように、利益率が20％に到達するような企業になれないのでしょうか。

ネスレはパーパス（存在意義）を掲げ、社会的課題の解決と企業の経済的成長の両立（CSV）を実践してきた企業です。味の素も世界トップ10クラスのグローバル企業を標榜し、

## 目指すところは同じでも、ゴールまでのルートは異なる

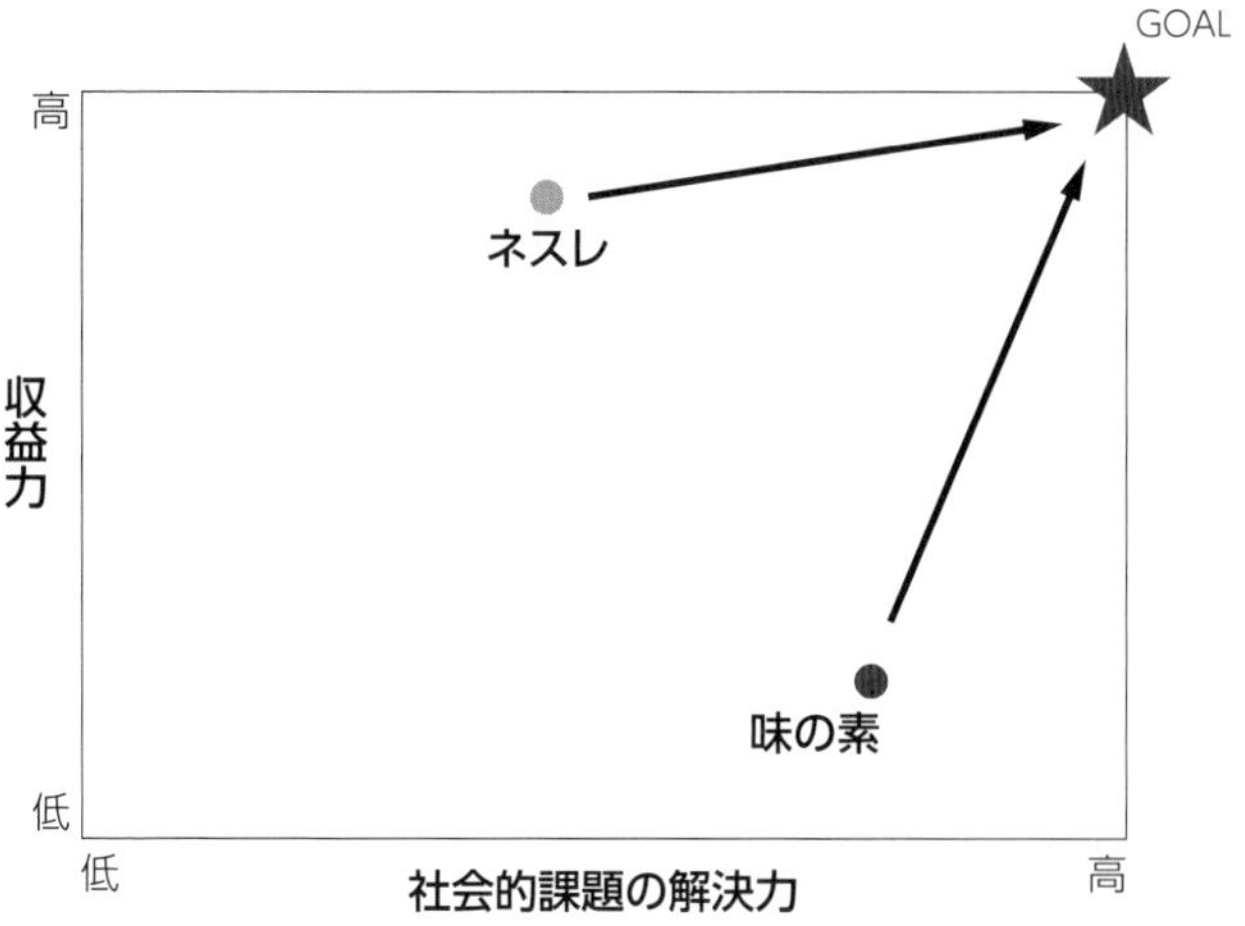


ネスレの背中を追いかけてきたつもりですが、いつのまにか、時価総額は逆に低下して1兆円を割り、ネスレが非常に遠い存在になってしまいました。

たとえば、コーポレートスローガンを見てみても、ネスレは、「Good food, Good life」であり、味の素は、「Eat Well, Live Well.」なので、ほとんど同じことを言っています。

しかし、企業利益規模は10倍もの差が今日ではついてしまいました。どこに、その差があるのかについて、私なりに考えました。結論はパーパス経営のアプローチの差にありました

上図で、そのイメージを示しましたが、

**ゴールは同じでも、味の素とネスレでは、**

### 日本企業が目指すべき成長ルート

常にやるべきことは1つに絞って力をつけていくことが重要

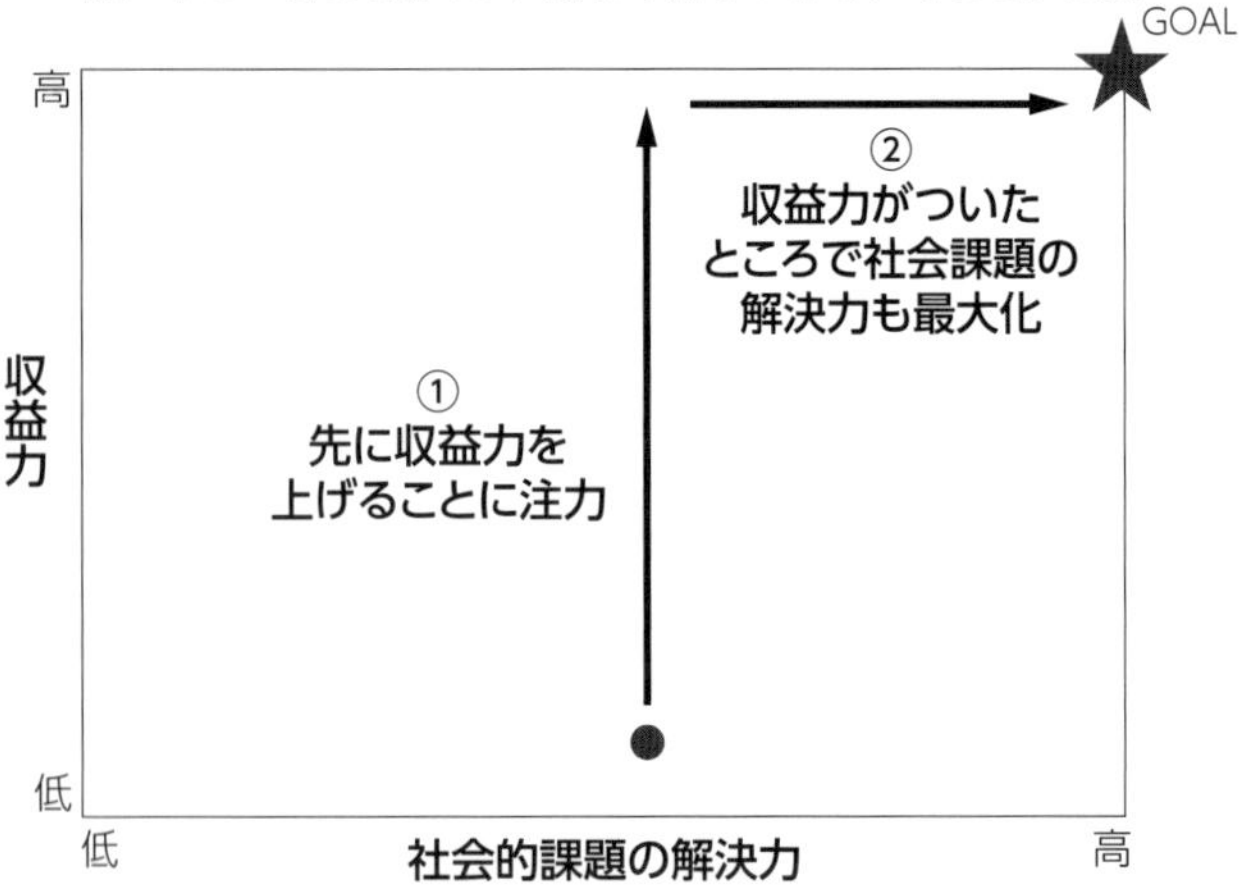


**出発点が違うため、その経路が違ったのです。**

その出発点の違いを無視してネスレの後追いのような戦略を繰り返しても、同じゴールにはたどり着けません。ネスレの出発点は、味の素よりもはるかに高い収益率であって、あとは自分たちの事業が、社会的課題の解決に実は大変役に立っているという説明（ある意味の理論武装）をすれば、ゴールに到達できるわけです。

一方の味の素は、創業時から、社会的課題の解決を志としてきた会社であると誇りを持つことはいいのですが、出発点の利益のポジションがネスレよりもはるかに低いところにありました。

味の素のやるべきことは本来、利益向上に最大の努力をすることのはずですが、実際は、創業時からの志の重要性を繰り返し、アピールすることに注力したのでした。それではネスレと同じゴールにたどり着けないのは明白です。

味の素が多くの労力と時間とコストを使い、失敗しながら学んだこのCSV（共有価値の創造）に偏りすぎた経営を今、多くの日本企業が繰り返しつつあると感じています。加えて、今日ではSDGsやGX（グリーン・トランスフォーメーション）などのバズワードが氾濫し、それらへの説明責任ばかり求められる経営環境になりました。

このようなバズワードに流されてしまうと、ますます競争力を失うことにもなりかねません。

利益レベルが低い日本企業は、一刻も早く収益率を高いレベルに引き上げること、それに集中して取り組むことがなにより必要なのです。それは**社会課題を蔑ろにしていいということではなく、収益力を上げてからでも遅くない**という意味です（前ページ図）。

## パーパス経営への移行　CSV経営VS分派経営

CSV経営をリードしてきたネスレなどの欧米企業は、「社会的な課題を解決する力」

と「企業として収益を上げていく力」を両立させているので、資本主義の経営基盤としては盤石なように思えます。

しかし、ネスレに代表されるようなＣＳＶ経営を代表する企業でさえ、投資家のＳＤＧｓ重視の傾向や若者世代を中心にした個人の働きがい重視の傾向を無視できなくなっています。そのため、多くの企業が社会における個人や企業の存在意義を包括的に説明するためにパーパス経営への移行を試みています。

たとえば、ネスレ日本は「食の持つ力で、現在そしてこれからの世代すべての人々の生活の質を高めていきます」というパーパスを掲げた上で、これまで通りのＣＳＶ（共通価値の創造）をその中核の戦略として位置づけています。

しかし、ネスレ日本のようにハイレベルなＣＳＶ経営を実践している企業と同じアプローチでパーパス経営に移行することは、日本の多くの伝統的企業には難しいように思います。それがどういうことなのか説明します。

次ページの図は、責任・挑戦レベルを縦軸に、心理的安全性・調和性を横軸にとった企業分類のマトリックスです。

右上のポジションは、「パーパス経営（志本主義）」の領域です。資本主義の矛盾を打破し、個人と企業と社会が同心円となれるパーパスを掲げ、その実現のためにチャレンジしていく理

**最終的な目標は「利益」と「意義」の両立**

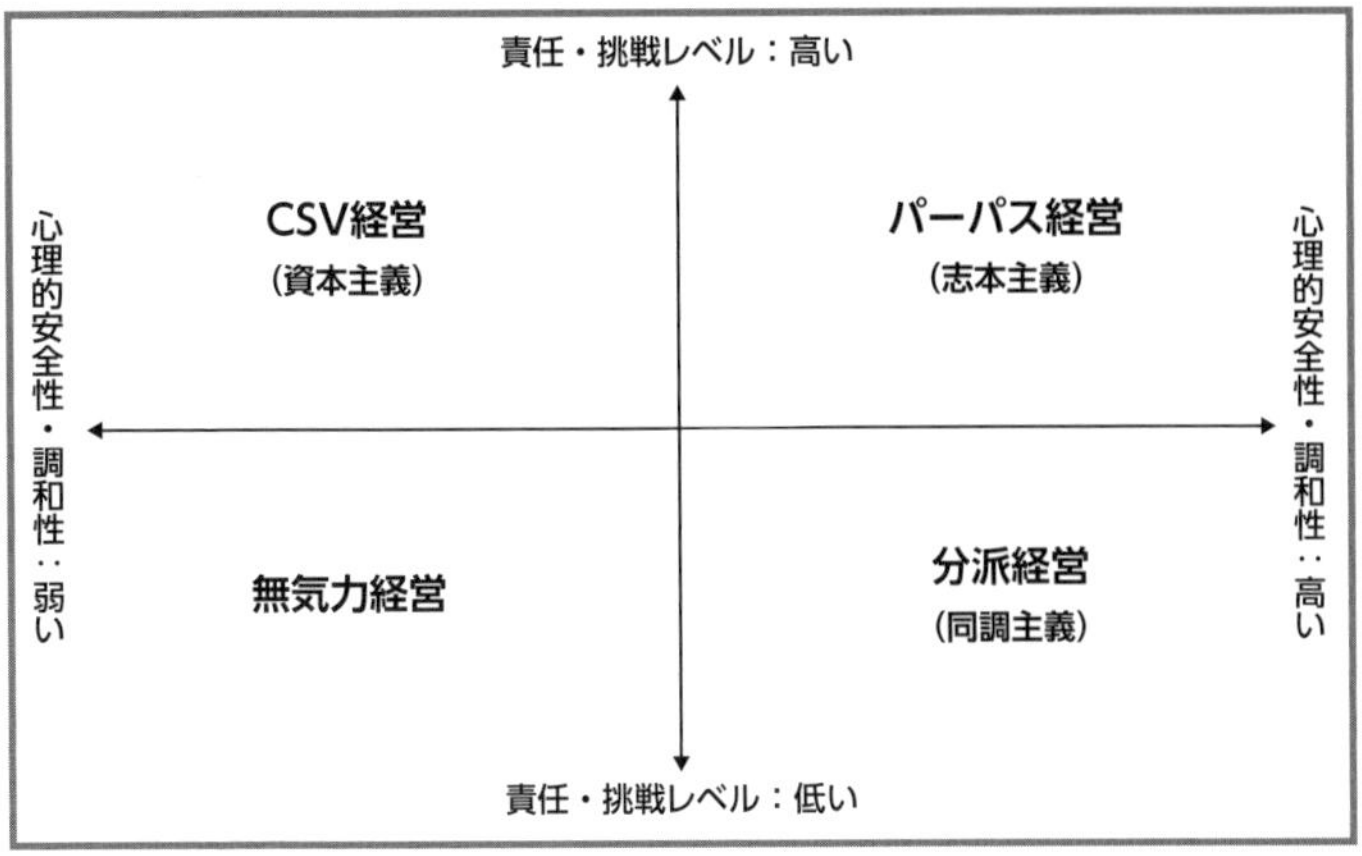


想の経営です。一橋大学の名和先生は、これを志本主義（Purposism）と定義しています。

左上のポジションは、「CSV経営（資本主義）」の領域です。これまで、資本主義社会での理想の経営モデルでしたが、資本主義の限界が指摘され個人の働きがいやサステナビリティが重要視される今日では、パーパス経営への移行が求められています。

右下のポジションは「分派経営（同調主義）」で、伝統的な日本企業に多いポジションです。変革をする前の味の素もここにポジションを取っていました。

分派経営では、資本主義における責任でもある「利益の追求」よりも、自組織内部での心理的安全性や調和が重んじられます。また、自組織内での同調圧力も強いため、

**CSV経営を実践している企業は
パーパス経営に移行しやすい**

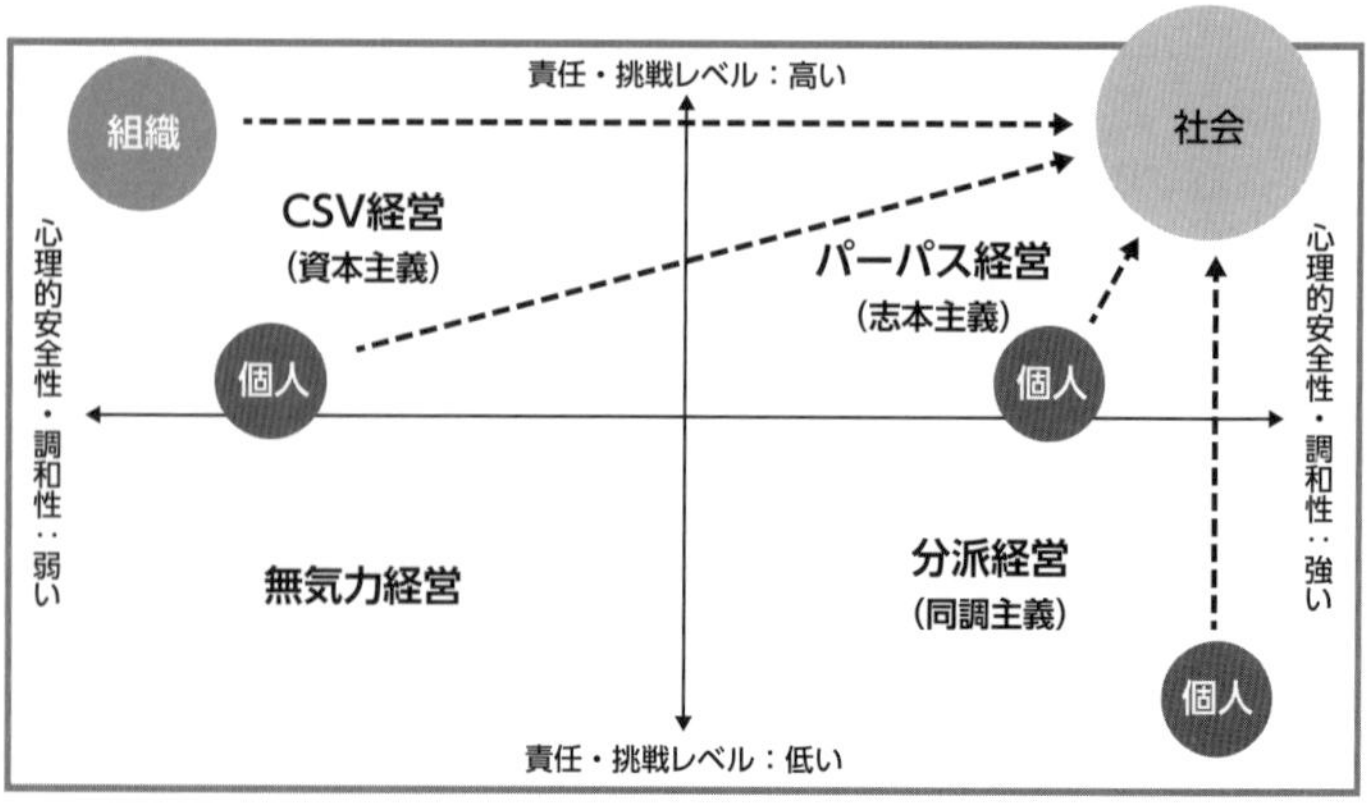


横並び主義や自前主義になりやすく、異なる事業間、機能間の溝は逆に深くなりがちなのが欠点です。

左下は論外ですが、責任意識も低く調和力もない無気力経営といえる領域です。

ネスレ日本のようなＣＳＶ経営を実践して、すでに利益レベルが高い企業が、パーパス経営に移行するのはさほど難しいことではありません。企業の社会的な存在意義を明確にしたパーパスを設定することで、働きがいを求めたより優秀な人財を高報酬で外部からスカウトでき、企業として、成長する可能性が高いからです（上図）。

一方で、かつての味の素のような分派経営はＣＳＶ経営とマトリックス上、対角線の位置関係にあります。このポジションは

## 分派経営はCSV経営へ、さらにはパーパス経営へと移行すべき

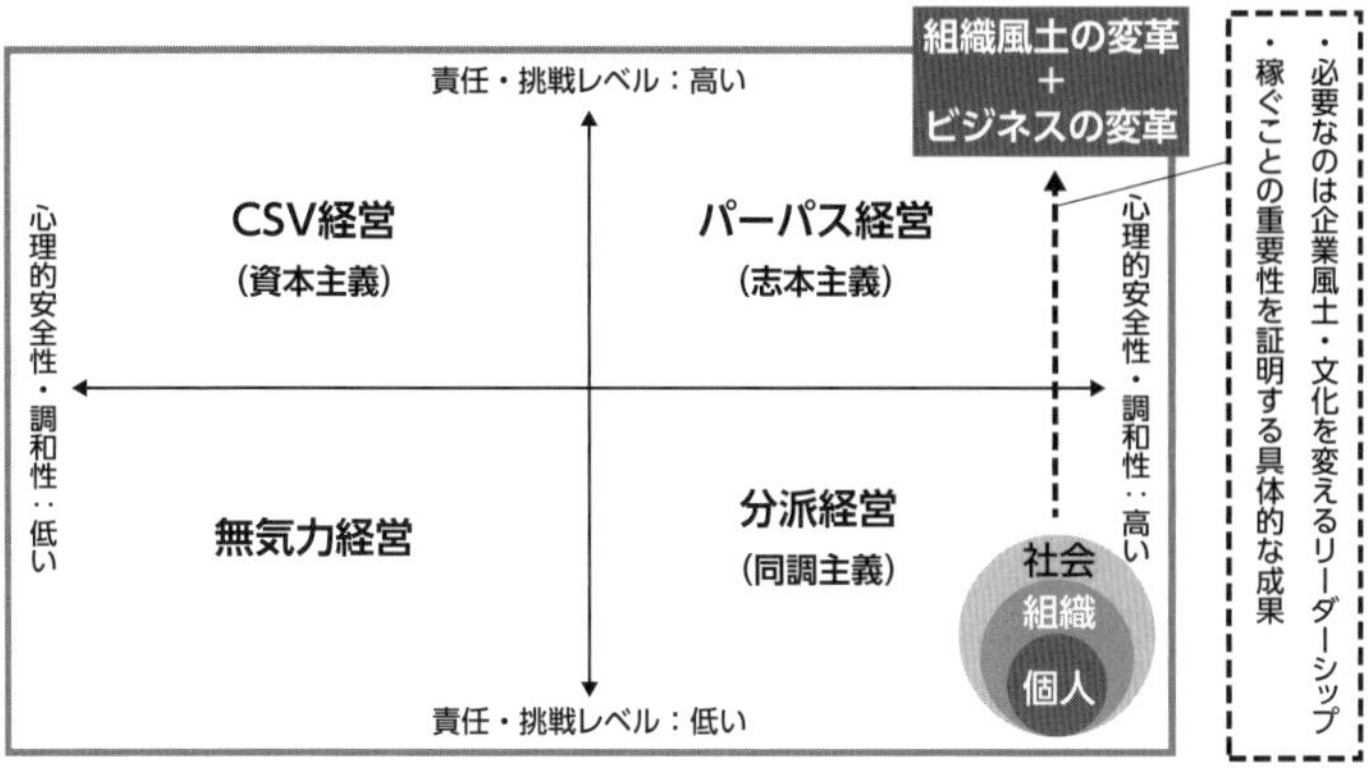


パーパス経営への移行はＣＳＶ経営ほど簡単ではありません。

分派経営では、事業内や機能内での心理的安全性や調和性は高く、社外においても、それぞれのステークホルダーとの長期的な信頼関係の構築は得意です。

その反面、同じ社内でも他事業や他機能には無関心なことが多く、コミュニケーションも薄くなりがちです。そのため、同一の顧客やステークホルダーに対して、複数の事業や機能からバラバラにコンタクトするという自社にとっても、顧客やステークホルダーにとっても、好ましくない状況が往々にして起こります。

加えて、変化よりも安定を好み、利益の追求よりもリスクの低減を志向しがちです。

心理的安全性や調和性を重んじるあまり、人事も硬直的で同一事業や機能組織内では同調圧力が働きやすく、逆に異なる事業間や機能間では壁ができやすい特徴もあります。

このような特徴を持つ企業は、コングロマリットディスカウント状態になりやすく、投資家からも敬遠されます。したがって、分派経営になっている企業は、一刻も早く、CSV経営、さらにはパーパス経営へと舵を切ることが必要なのです。

その道筋ですが、CSV経営に移行するために最も重要なのは、なんといっても収益力の強化とビジネスの変革です。そこからさらにパーパス経営に移行するには、分派を乗り越えて、ワンチームとなれるような会社にしていかなければいけません。そのために、個人と企業、そして社会が同心円となれるようなパーパスを設定し、企業風土・文化を変革していくことが必要なのです（前ページ図）。

## 組織風土を変える3つの矢

味の素では企業変革を一気に進めるために、社長のトップダウンで次の3つを実行しました。1つめが、個人プレゼンテーションです。

目的は、個人プレゼンテーションを全従業員が行うことで、個人、部署、会社の共成長を図ることでした。

**個人プレゼンテーションは、直属の上司や所属グループ内だけのコミュニケーションにとどまりがちな組織風土、カルチャーを一変する力があります。**

やり方は極めてシンプルで、半期に一度、部・課などを構成する20～40名ほどが一堂に集まり、一人ひとりが全員に対して、過去半期の目標の振り返りと次の目標について10分程度でプレゼンを行います。そのプレゼンに対して全員が助言や意見などをフィードバックするというものです。慣れてくると、個人が部や課などの組織に対して、さまざまな提案をするようになります。

多くの企業では、目標設定は上司と個人の一対一の関係で行われ、フィードバックも同様であるため、職場の隣人の目標や仕事に対する考え方や能力などに無関心になってしまいます。そうすると、コミュニケーションも薄くなりがちで、健全な組織風土は生まれにくく、組織の生産性も個々人の総和を上回ることはありません。

ところが、この個人プレゼンテーションをすると組織が活性化し、組織の生産性は個人の生産性のかけ算になり、個人も組織も業績も急速に伸びます。私はこの個人プレゼンテーションを**「個人・組織・会社の共成長モデル」**と呼んでいるのです。

実質コストゼロで、こんなに劇的な効果を出す方法は、ほかにはありません。なぜ、そんな効果が出るのか、25年間、世界の種々の職場で実践してきた私の観察結果を次に示します。

**個人プレゼンテーション（個人・組織・会社の共成長モデル）の観察でわかったこと**

・人前でプレゼンテーションをしなければならないときに、はじめて自分の目標の意味を深いレベルで理解する必要性に気がつく

・会社や組織の部署と自分の目標を連動させること、そして「自分ごと化」することの重要性に気がつく

・極めて短時間で、組織内全員の個性、考え方、仕事に対する取り組みなどが理解でき、コミュニケーションがスムーズになる。お互いに助け合い、アドバイスし合い、組織力を高める風土が醸成される

・個人が自分の組織内における実力を把握でき、上司にとっても個人にとってもフェア

な評価に繋がり、かつ能力向上のための目標設定がしやすくなる

・慣れてくると、個人が組織の仕事の進め方やほかのグループの仕事の進め方に対しても意見を言えるような健全な組織風土が形成され、組織文化診断値やエンゲージメントスコアも向上する

とにかく実行してみることが大事です。やってみると、驚くべき効果が必ず実感できます。変革のスピードを上げるために必要なことの2つめが、事業ポートフォリオに関する事項です。事業ポートフォリオの再編や組織統合時などに、組織風土も連動させて一気に変えましょう。

これらの**組織再編のときこそ、組織風土を変革する最大のチャンスです。人事とともに、大胆な組織風土の変革にチャレンジするべき**です。タイミングを逃さず、一気に変えるべきでしょう。これに失敗すると、せっかく再編、統合した組織がいつまでもバラバラのままになってしまいます。

最後に重要な3つめがトップの人事です。

異質な事業部や事業本部間で、トップ人財を入れ替えることで組織風土を変えることが

できます。

事業縦割りの伝統が強い企業は、ボトムアップのみでは、なかなか組織風土やカルチャーは変わりません。**まったく異なる組織風土、カルチャーを持つ事業部と事業本部間でトップを入れ替えることは劇薬的な効果があります。**西井社長が私を副社長として変革のペアとしてくれたのはまさにこの効果を得るためです。

ただし、全社変革をある程度進めて、その変革の流れをたしかなものにするタイミングで行うべきことです。中途半端なときにやると、トップが組織からはじき出されてしまう危険性があるので注意が必要です。

サイドストーリー

## すべてのステークホルダーを視野に入れる

タイ味の素での石炭の話は7分割法の実践でなんとか成果を上げることができました。しかし、実は最終ステップと最終ステップ以降でそれぞれ番外編があります。

プロジェクトの最終ステップで、経営企画担当執行役員兼取締役に、私は東京本社まで呼ばれ、「石炭ボイラーの導入はすべて自分の責任でやれ。ひいては、自分の責任でやることを今ここで宣言しなさい。テープに録音しておくので」と言われました。

私は、「もちろん。ゼロからのスタートであり、これまですべて自分ともう1人のエンジニアのパートナーでやってきたので、喜んで宣言します。どうぞ録音してください」と申し上げました。その後、この案件は経営会議と取締役会への付議を経て承認されたのです。私はこれですべてうまくいったと考えていました。

ところが、最後に落とし穴がありました。この工場があるタイの地域の政治家に反対され、住民を巻き込んだ反対のデモンストレーションが起きたのです。建設工事がストップし、東京に危機管理委員会までできてしまいました。この政治家の説得は実に3カ月にもおよびました。到底私の力では解決できず、正直、これで味の素における、自分の将来は消えるかもしれないと覚悟しました。起案者であり、説得者であり、責任は自分で取るとテープに録音までしたのですから当然です。

しかし、3カ月後、もうすべておしまいかと思われたとき、この問題は数度にわたるタイ味の素社長と政治家との直接対話で解決されました。

問題の本質は石炭ボイラーの導入そのものではなく、この工場の地区を管轄する政治家と工場およびタイ味の素幹部とのコミュニケーション不足だったのです。そのため、感情的な問題を含めて関係が悪化し、コミュニケーションも円滑に行われていなかったことが工事ストップ、デモンストレーション問題の発端でした。

石炭ボイラーの導入に関しても、近隣の住民に迷惑がかからないように、最新のテクノロジーを用いた設備を導入する方針など、政治家にとって重要な関心事項について、なんらの事前相談もしなかったため、ただでさえよくない関係をますます悪化させることになっていたのです。

結局、石炭ボイラーとコジェネレーションが完工した暁《あかつき》には、環境対策として世界的な先進技術を入れていたので、タイ国内で大変有名な見学コースになりました。政治家も住民にも大変喜ばれました。

このプロジェクトで反省があるとすれば、「7分割法」に最初から地域への影響や政治家への配慮および丁寧な説明をいれていなかったことです。それが原因で、3カ月にわたる反対運動と工事ストップを引き起こし、東京に危機管理委員会が立ち上がり、自分の会社での将来を失いかねない状況にまでなったのです。

しかし、この貴重な経験は、それからの自分の意思決定に大きなポジティブ効果をもたらしてくれました。難題が降りかかっても、自分には7分割法があると思えましたし、実際にすべての局面で有効でした。現在は生きた経験として、この7分割法をいろいろな機会でお話しています。

第五章

# 変革がもたらす「企業価値」の最大化

## 「製造業・キロ単価の法則」と真のバリュープライシング

これから製造業の収益性の向上法について秘訣を伝授しますが、その前に私がアミノサイエンス事業本部長時代に経験した、収益力強化のストーリーをまずは共有します。

アミノサイエンス事業本部は、もともとうま味調味料であるグルタミン酸ソーダのバルクの製造販売からスタートし、20種類ものアミノ酸や核酸類、そして、派生技術を使っての化成品などのバルクビジネスを手掛けてきました。

微生物発酵技術や酵素技術、化学合成技術を駆使した圧倒的な商品開発力を背景に、調味料や飼料用のアミノ酸、そして核酸などの商品で世界トップクラスのシェアを長年維持してきました。それが、私がアミノサイエンス事業本部長になるころには、すっかりと衰え、逆に全社のお荷物的存在になっていたのです。

理由としては、世界一であった調味料や飼料用のいわゆるバルクアミノ酸や核酸調味料のシェアを中国勢や韓国勢に取られていたからです。昔の製鉄業などがそうであったように、中国勢や韓国勢が参入すると、増産を繰り返し、世界需要の数倍ものキャパシティを抱えて持久戦に持ち込むので、先行者はたまったものではありません。

しかし、その波に抗《あらが》うことは難しく、アミノサイエンス事業本部の多くのバルクアミノ酸製造事業所が閉鎖に追い込まれてしまいました。

かつて栄華を極めた事業から撤退することを迅速に決断する日本企業は、あまり多くはありません。味の素のアミノサイエンス事業本部も例外ではありませんでした。バルク事業を整理し、より付加価値の高い事業へ構造転換をして、再成長路線を明確にするまでにトータル15～20年程度は費やしていると思いますが、多くのプロジェクトは進捗せずに挫折していきました。

私は本部長に在任した6年間で、事業ポートフォリオを完全に入れ替え、利益を3倍にし、再成長路線へ切り替えることに成功しましたが、そのときの切り札が、このアミノ酸事業部の部長時代に考えついた**「キロ単価の法則」**です。

アミノ酸事業部に着任したときには20種類のアミノ酸を切り替え生産で製造販売してい

ました。しかし、種々の理由が重なって赤字品目が多く、最終赤字は20億円にもなっていました。

売上が200億円程度でしたから、20億円は売上に対して10％にも相当する、大変な大赤字です。

ある品目については、なんと製造原価の半値で販売していました。アミノ酸事業は大手製薬メーカーへのアミノ酸輸液用原料としての納入が50％以上のビジネスで、納入業者同士が競争し合って価格がどんどん下がっていたのです。

**価格は下り続ける一方で、品質は医薬レベルを維持しなければならず、設備や品質、あるいはレギュレーション対応のために多くのコストがかかります。**

また、アミノ酸を使った輸液などの医薬品は、長期収載品扱いということで、政府の価格コントロールが適用され、さらに価格は下っていきました。

そのような製造価格上昇、販売価格下落、しかも医薬品なので納入責任を問われる状況のなかで、アミノ酸事業部の業績はどんどん下がっていったのです。恒常的な赤字なのに、供給責任を問われ、社内からは業績が悪いと批判されます。私がアミノ酸事業部に異動してきた時点で、アミノ酸事業部は全社から白い目で見られるだけでなく、部内の雰囲気も最悪で、ＪＭＡＣの組織文化診断も全社で最低の30点を割る状況でした。

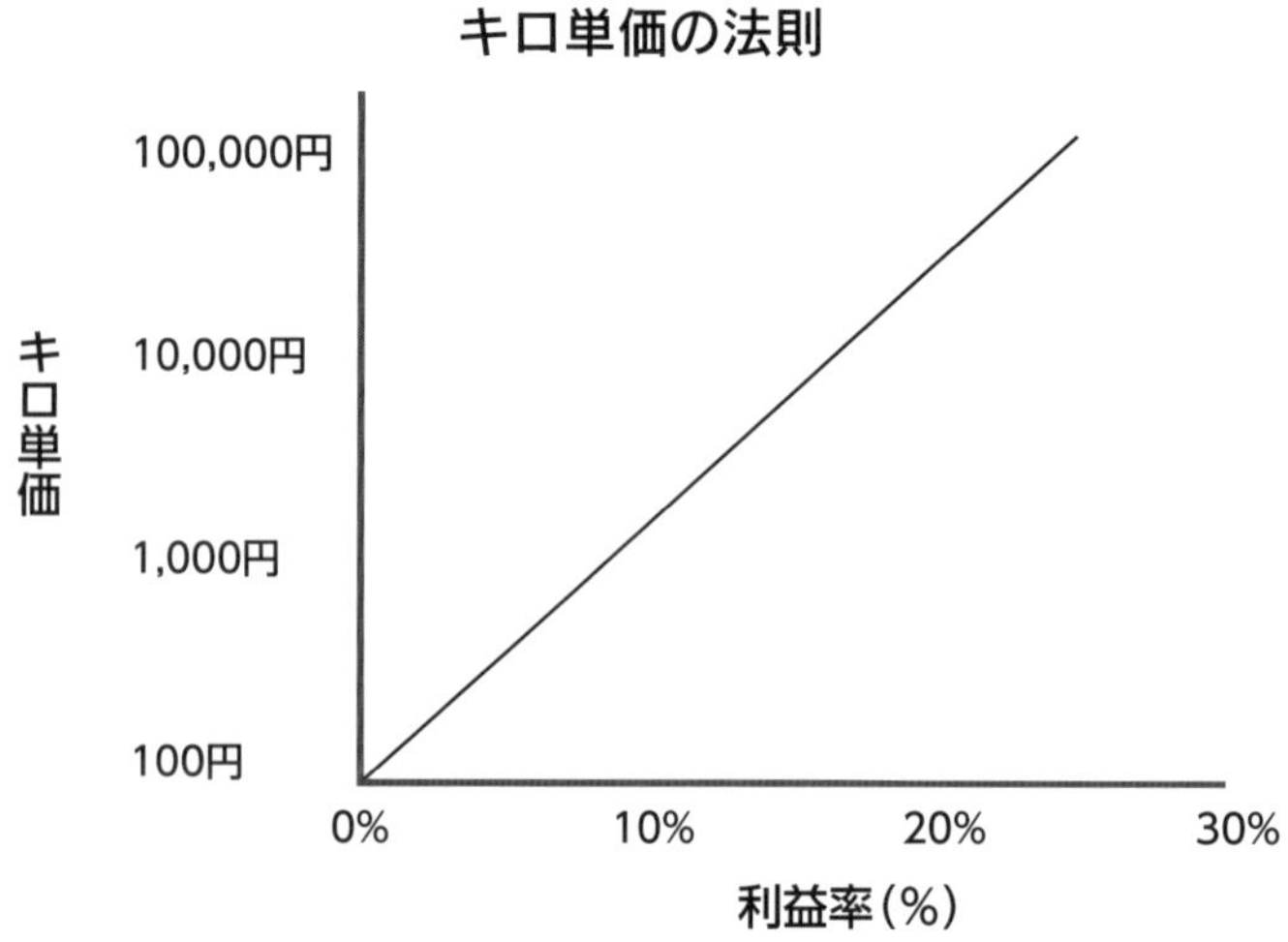


　このような環境のなかで、私は、アミノ酸事業部長としてなにができるか、徹底的に考えました。唯一、これはいけるかもしれないと思えたことが、アミノ酸の単価と利益の解析結果でした。

　上図に示しましたが、20種類のアミノ酸の**販売単価と利益率を片対数に整理すると一直線に乗ることがわかったのです。これが「キロ単価の法則」**です。

　**販売単価が上がると、その対数に比例して利益率が増える。そして怖いのは、逆も真なりということで、販売単価が下がると、急激に利益率も低下してしまう**のです。

　事業が苦しくなると、販売単価を下げてでも量を取りにいく傾向があります。量が下がるとシェアも減り、工場の稼働率も下がります。見かけのコストが上がる悪循環を想像してしまうからです。

**同業者同士で値下げ合戦を展開すると、とんでもない結果になるのはわかり切ったことですが、日本企業はそれでも相手の値段の下をくぐって量を獲得しようとする場合が多い**のではないでしょうか。

しかし、そんなことをやっていては収益性は下がる一方です。ですから、なにがなんでも「キロ単価」を上げなければなりませんし、その方策を必死に考えなければなりません。それが「キロ単価の法則」の意味するところです。

今日、原材料や原燃料のアップを理由に、各企業が一斉に値上げを試みていますが、なかなか受け入れられずに苦しんでいます。特に**日本市場は諸外国の市場に比べて、値上げの受け入れ交渉も難航しがち**です。私がアミノ酸事業部の部長だった当時も状況は今日とまったく一緒でした。なんとか値上げをしなければ、アミノ酸事業部が解体されてしまう危機感もあって、アミノ酸事業部で今は恒例になっているグローバル戦略会議を当時も何度も繰り返し、値上げのコンセプトから議論しました。

その議論のなかで、浮かび上がってきたキーワードを次に示しました。

**アミノ酸事業における値上げのコンセプトに関する議論で出たキーワード**

・アミノ酸は人体の主な構成成分で、人間の生活に必須
・医薬以外も食品分野、バイオ産業、健康分野、化学分野など多岐な用途がある
・20種類のアミノ酸を切り替え、品質保証をして出せるのは味の素だけ
・アミノ酸には価値がある。アミノ酸の売り値は、その価値で決めたい
・諸外国の当局や顧客は頻繁に検査・監査に来る。その対応も重要な「価値の一部」
・バイオの力、ナチュラルな製法で、すべてのアミノ酸を製造できる研究開発能力がある

このことからもわかるように、味の素のアミノ酸には他社にない、あるいは他社以上の「価値」があるわけだから安売りはやめよう、そして、値上げと言うのもやめよう。**「価値のある」アミノ酸を価値に応じた値段、すなわちバリュープライシングで販売しようとい**うのが結論でした。

バリュープライシングを可能にするには、同じ1キログラムの商品でも、そのなかに埋め込まれた無形資産の価値が問われます。

顧客にとってその商品の無形資産が生み出す具体的な価値がなんであるのか、明確に伝

えることが必要なのです。アミノ酸の場合には、最初のバリュープライシングを受け入れてくれたのは、海外の食品メーカーでした。アミノ酸を特殊な風味素材、フレーバー素材として活用し、その価値を認めてくれたのです。次に受け入れてくれたのは国内外の当時勃興しはじめていたバイオ産業でした。

微生物を用いたバイオ素材の生産のための栄養素として、動物由来の成分を使用しないトレーサビリティのしっかりしたアミノ酸の価値を認めてくれたのです。

こうして、グローバルな市場でのアミノ酸の価値と需要が上がってくると、アミノ酸自体の相場も上がっていきます。ただし、価値のあるアミノ酸を持ち、しっかりしたサプライチェーンを構築した味の素のような供給者のアミノ酸のみ、価格が上がるのです。このことからもわかる通り、商品や事業に携わるさまざまな人間の思い、価値観が結合し集約、濃縮されたときにはじめて、商品の持つ価値、それを支える無形資産は非常に大きなものになるのです。

この「キロ単価の法則」の原理原則を見出し、事業活動を通じて実証した私は、アミノサイエンス酸事業部の本部長時代により大胆な行動に出ました。それは、大幅なキロ単価向上戦略です。

現在では、アミノサイエンス事業本部の商品は、キロ単価数千万円の商品が多くあります。また、実際にはキロ単位では取引きされないほど少量ですが、キロ換算すると数十億円にもなるような「人成長因子」と呼ばれる超の付くほど単価の高い商品も製造販売しています。

不思議なことに、それほどの高額商品でも、キロ単価の片対数と利益率をプロットすると、184ページで示したグラフの延長線上にほぼ乗ることがわかりました。**利益を上げるコツは、いかに商品の「キロ単価」を上げるか、その商品のバリューを上げるかに尽きるということ**です。

一時は20億円の赤字であったアミノ酸事業は、今や100億円以上の利益を生みだしていますし、アミノサイエンス事業本部は味の素全社の成長ドライバーになっています。

とはいえ、このような考え方を、事業縦割りや機能横割り色の強い会社で導き出すのは困難です。なぜなら、伝統的な多くの日本企業では、営業組織・販売会社と製造部門・研究開発部門の人財がバラバラに動く場合が多いからです。

縦割りの強い組織では、同じ顧客に複数の事業部門から別々の営業が行われますが、きわめて効率が悪いですし、顧客にとっても迷惑な話です。

対して、機能軸が強い製造販売組織は「あなたは作る人、私は売る人」といったふうに、社内の責任体制やコミュニケーションに断絶が生まれやすいのです。それでは、本来いろいろな機能や無形資産である人の思いが濃縮されているはずの商品の価値が分散してしまい、結果として廉価商品、儲からない商品まで落ちていってしまうのです。

ですから、繰り返しになりますが、こういった施策に取り組む場合はそれぞれが意思統一できるように「組織文化改革」とセットで考えるようにしてください。

## 製品単価がKPIになった味の素で起きた変化

西井社長とタッグを組んで行ったDXでは、全社の商品を対象に製品単価をKPIとした数字を公表し、あらゆる努力を行いました。

このキロ単価と利益の相関性について、西井社長とはじめて議論したときに、西井社長の食品分野における経験、肌感覚とぴったりと一致したとのことで、大いに盛り上がりました。

**日本において、値上げは敬遠されがちですが、商品の価値を上げるというコンセプトさえしっかりあれば受け入れられます。**私は、社内外で頻繁にキロ単価の話をしますが、自社事業にほとんど関係のない自動車のキロ単価などの話もすることがあります。たとえば

「ある高級外車のキロ単価は約1万円だよ」という具合にです。

聞いている社員が、そのキロ単価を聞いて、その自動車の収益性を想像するのですが、自社のキロ単価と比較して目の色が変わります。それは自社に誇りを持っている証拠ですし、「絶対に負けない」という強い意志の表れでしょう。

最近では、社外取締役や顧問の仕事を通じて、多くの日本企業が同じ悩みを抱えているのを知りました。**納入責任があるのに値段が安い。値段が安いのに品質要求事項が高い、やめたいのにやめられない**。

このようなジレンマ的な状況に日本企業は陥りやすいのですが、あとで述べますように、このようなジレンマからの脱却を決断するのは、社内のボトムアップでも、顧客でも、行政でもありません。**経営トップやリーダーにしかできないこと**です。

私は行政から厳しく価格指導をされている医薬品原末であるアミノ酸の値上げを価値向上をバリュープライシングという考えをもとに断行し、その後、アミノ酸事業を伸ばしました。また、値上げを受け入れてくれた医薬品業界と新たなバリューの創造に向けて、あらゆる角度から協力体制を構築しました。

そこで気がついたことは、次の通りです。

**顧客は値段の駆け引きをする相手ではない。パートナーとして社会課題を解決し、ともに価値を生み出す関係であるべし。**

繰り返しになりますが、キロ単価は製造業にとって収益の源泉であり、製品価値そのものを表す重要指標であることを経営者は再認識すべきです。

ニトリは、「お、ねだん以上。」というキャッチフレーズを創業以来掲げて、大きな成長を遂げています。そのコマーシャルを見たときに、まさにこれだと思いました。値段が高くても、その値段以上の価値を出し続けることが、企業の利益創出の基本と言えましょう。

## デジタル時代のスマイルカーブと破壊者

製造業だけでなく、サービス業も含めた、**あらゆる産業の収益性に大きな影響を与えるのがスマイルカーブ**です。スマイルカーブの概念が提出されたのは、ずいぶん前のことですが、デジタル時代が到来してからは、スマイルカーブを正しく理解して自社のビジネスのポジションを変更することが、ますます大事になってきています。

自社のポジショニングを変更せずにスマイルカーブの底にいる企業に未来はありません。というよりも、収益はどんどん低下しますと言ったほうが正確かもしれません。スマイルカーブの底のポジションから抜け出さなければ、低収益から脱却できないことは明白です。

たとえば、組み立て産業などを例にとれば、簡単な組み立て産業は日本ではとっくに採算があわなくなり、海外に拠点を移したり撤退したりしています。同時に特殊仕様品の受注組み立て産業などは、まだ薄い利益で生き延びています。

しかし、薄い利益そのものがサプライチェーンの混乱や原材料エネルギーの高騰で圧迫され、実質的な赤字になっている企業も相当多いでしょう。

その意味では、デジタル時代のスマイルカーブは川上、川下のポジションがますます重要になり、川中は存在感が薄くなる、次ページの図のような形に変わっていくことが容易に想定できます。

それでもまだ、川中で生き延びているのは、サプライチェーンを容易に変えられない事情を持つ顧客がまだ残っているからですが、そのような関係は健全とは言えませんし、やがて破綻する未来が見えていると言っても過言ではありません。

**顧客のニーズを見抜いたディスラプター**（破壊者）**が早晩参入してくるはずであり、デジタル化によって、スマイルカーブの川中プレーヤーの利益はどんどん低くなり、存在感も**

## デジタル時代によるスマイルカーブの変化

川上と川下へのシフトがより強調されるようになった

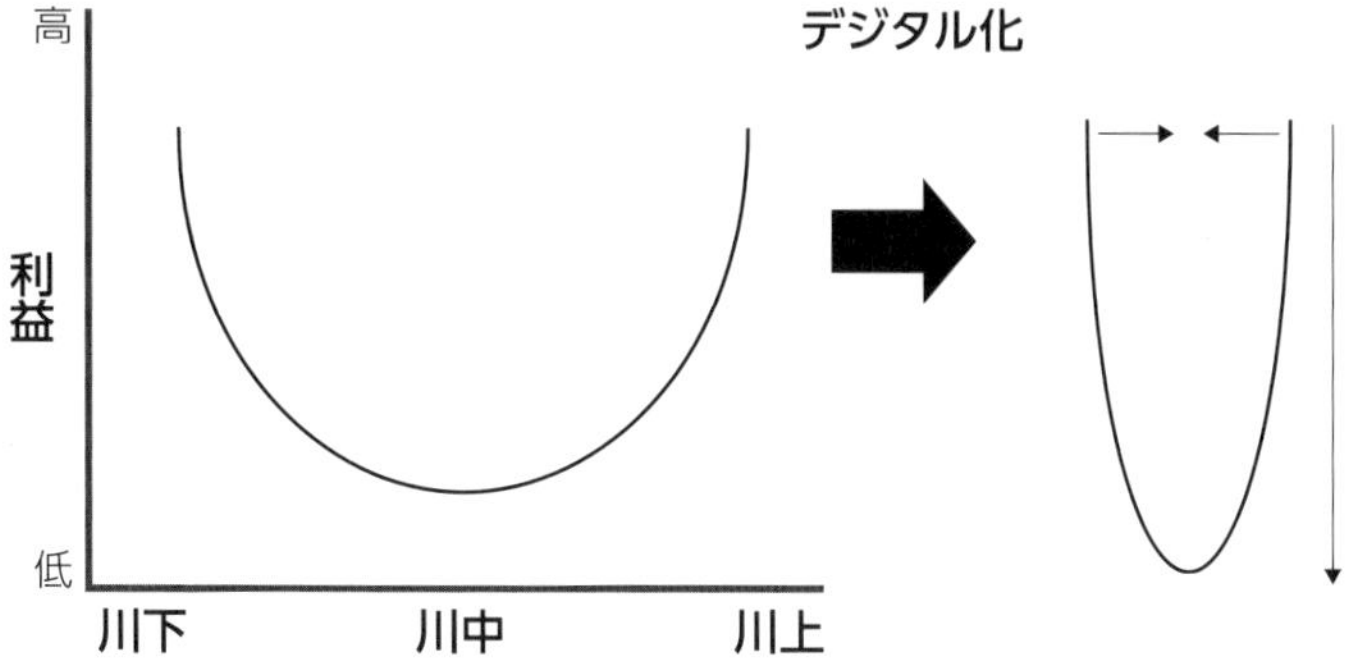


**薄くなる**でしょう。スマイルカーブで表される川中の利益のへこみが大きくなり、生き残り事業者も少なくなるため、そのような脆弱なサプライチェーンに危機感を覚える顧客側から、逆に標準仕様の組み立て機械を納入するような要請も増えてくるはずです。

なぜならば、特殊仕様の組み立て商品は、特殊設計で作るため、部品自体が高価であり、長納期となるからです。また、**日本企業は巧の技が仕組み化されておらず、特殊設計のノウハウが属人化している場合が多いため、特殊設計能力に関しても、デジタル化の長所である3つの要素である、迅速性、汎用性、相乗効果がまったく期待できません。**

さらに、特殊仕様品を納品しても、オペレーションやメンテナンスも特殊であり、顧客サイドも供給者サイドもメンテナンスに不慣れであるばかりか、修理発生時の対応コスト、修理スピード自体も遅くなってしまいます。

これに対して、**デジタル時代のディスラプターは標準部品、標準設計で部品の調達コストを下げ、組み立て工程をシンプル化し、納期や納入コストそしてオペレーションやメンテナンスコストさえ、シンプル化、低コスト化**してしまいます。

設計にはＡＩが大いに活躍するでしょうし、組み立て工程も外注し、半導体産業のように受託組み立て専用業者がローコストオペレーションを展開する時代になっていくに違いありません。

このような状況でテクノロジーの転換が起こると、川中産業は壊滅的状況になります。

たとえば自動車産業ですが、日本企業はガソリンエンジンを主体とした、非常に高性能の車を開発しグローバルに大きな発展を遂げました。一方、電気自動車で有名なテスラは、世界に先駆けて電気自動車のR＆Dに巨額投資をし、商品である電気自動車はソフトウェアをまるでｉｐｈｏｎｅのように簡単に入れ替えるプラットフォームを構築し、さらには自動運転などの交通インフラにも投資しています。

テスラの時価総額が、短期間でトヨタ自動車を抜いてしまったのはあまりにも有名な話ですが、その急成長のエッセンスは、産業の川上である電気自動車のR&Dに巨額の投資をしたこと、そして川下である電気自動車のソフトウェアや自動運転、交通インフラに巨額の投資をしたことです。デジタル時代のスマイルカーブの特性をよく理解した投資戦略です。

日本企業は製造業を得意技としてきましたから、川中のポジションに居心地のよさを感じるのかもしれません。匠の技、下町工場など、一世代を風靡したノスタルジアに浸りたい気持ちもわからなくもありません。

しかし、デジタル時代は産業のスマイルカーブの形を完全に変えてしまいました。利益成長を重要視するなら、スマイルカーブの両端めがけて、全速でポジションを大幅にシフトしていくことが求められます。

味の素は、組み立て産業ではありませんが、食品やアミノ酸、化成品の製造販売業であり、歴史的にはやはり製造セントリック、すなわち「作ってナンボ、売ってナンボ」の価値観を持った川中産業の伝統的な日本の製造販売企業です。

ただ、味の素は食品企業であるわりには、R&Dが強く、売上に対して、3〜4%のR&D費用をずっとかけてきた企業であり、その意味では、川中の製造業にありながら、川上のR&Dにも相当注力し、かつ競争力を蓄積してきた企業でもありました。

企業分類としての、リスクとリターンのプロファイルを考えると、「ハイリスク／ハイリターン」の企業か、あるいはその逆の「ローリスク／ローリターン」の企業しかないと言われます。なぜならば、「ハイリスク／ローリターン」では、そもそも経営として成り立たたず、「ローリスク／ハイリターン」のビジネスがあれば、すでに存在しているはずだからです。

味の素の食品事業は、典型的なローリスク／ローリターンのプロファイルをもっています。かつては、医薬事業も保有していましたが、医薬事業こそはハイリスク／ハイリターンの典型で、売り上げにたいして30％以上ものR＆D費用をかけて新薬を開発し、30〜50％もの利益を保ち続けるビジネスです。うまくいっている医薬事業なら、当然PBR（株価純資産倍率）も非常に高くなります。

味の素は医薬事業から撤退し、現在残っているのはエーザイとの合弁である、EAファーマのみです。撤退した理由は明白で、味の素には、医薬事業の責任者としてハイリスク／ハイリターンの事業プロファイルで経営できる人財がいなかったのです。これは、経営視点、特に事業ポートフォリオマネジメント視点で大反省すべき点です。

EAファーマになってからエーザイ側の的確なマネジメントを導入し、現在では相当しっかりしてきています。

味の素のようにローリスク／ローリターンのプロファイルを持つ、企業が収益率を高めようとすると、少しでもハイリスク／ハイリターン側にプロファイルをシフトしなければなりません。デジタル時代のスマイルカーブで言えば、川上と川下へのシフトが重要です。しかし、川中から川上、川下へシフトするためには、相当しっかりした人的資源の確保が重要です。医薬事業の例に見られるように、川上であるR＆Dや新薬開発に多くの投資（無形資産）が必要で、研究の質や人的能力をいかに担保するか、すなわち人財教育や育成が非常に重要なのです。

## 顧客との関係性を見つめ直した「SAVEマーケティング」

これらの川上事業の人財教育、育成を行った例として、私がアミノサイエンスで仕上げたSAVEの事例とキーエンスの事例を次に紹介します。

私がアミノサイエンス事業本部で低収益性に悩んで、いかにキロ単価の高い商品を開発して、販売するかという事について日々悩み、考えていたのですが、あるとき見た『DIAMOND・ハーバード・ビジネス・レビュー』（ダイヤモンド社）にその答えを見つけたのです。それが**SAVEマーケティング**でした。
マーケティング手法として伝統的な4Pは、次の4つの要素から成り立ちます。

・Product（商品）
・Price（価格）
・Place（場所）
・Promotion（プロモーション）

この4Pモデルから多くの日本企業が、そして味の素が抜け出せず、顧客との関係が量と値段の駆け引きになりがちだったのです。そこでSAVEに切り替えることを決断しました。SAVEとは、

・**Solution**（顧客の問題を解決する）
・**Access**（顧客の意思決定者にアクセスする）
・**Value**（顧客の価値を創造する）
・**Education**（顧客に有用な情報を提供する）

という4つの要素から成り立ち、顧客との関係を「量と値段の駆け引き」から**「価値を共創」する関係に変える**ことを意味しています。味の素では早速、SAVEを実行しながら、部下たちと有効性を高める議論を始めました。そのなかで、**味の素では独自に、SAVEのEを「Education」ではなく、「Entanglement」**（抱きついて離れない）**と定義し、味の素版SAVEとしたほうがいいという結論になりました。**

理由としては、「Entanglement」としたほうが、より強い顧客との関係を意味していると考えたからです。

それ以来、ほぼ10年アミノサイエンス部門で適用し、マネジメントポリシーにもしっかりと書き込んでグローバルなマーケティング手法として活用しました。その結果、ビジネスの成長、利益率の向上に大いに寄与し、今や味の素のマーケティングの基本になっています。今日では、この「味の素版SAVE」にデジタルの要素を入れ込んで、成長を加速させています。

味の素以外で、もう一例挙げましょう。

キーエンスは、センサーで有名な高収益企業ですが、工場を持たないファブレス企業でもあり、川上にポジションをとる高収益企業です。私が解説するまでもなく、その営業チームは最強と言えるほどのチームで、10年間社長を務めた佐々木道夫社長が手塩にかけました。

そのチームが顧客を知り尽くし、技術を知り尽くし、R&Dを知り尽くし、顧客の事業価値を上げるべく濃密なサービスで展開するわけですから、医薬事業をも超えるような高収益企業であるのも不思議ではありません。完全な川上シフト型であり、デジタル時代に適応した事業の作り方、収益の上げ方の大変いいモデルと言えます。

ただし、その源流には佐々木氏の優れた考え方と人財育成、企業風土の醸成があります。普通の経営者がいる普通の企業の普通の営業には、とてもマネできることではありません。

名和先生のご紹介で、佐々木社長（すでに社長を退任しておられました）と直接お話できる機会を得ましたが、そのときも佐々木社長は多くのことは語りませんでした。「当たり前の事を当たり前にやるだけ」と言います。

しかし、このデジタル時代に、当たり前のことを当たり前にできる企業がどれだけあるでしょうか。形だけのデジタル技術導入では、とてもキーエンスのような高収益企業にはなれません。デジタルを使いこなし、新たなビジネスモデルや組織風土に挑戦できる人財と組織だけが生き残り、高成長・高収益企業になれるのです。

結果として、株価は上がり、時価総額も非常に大きくなるでしょう。**この川上へのシフトのリスクは、佐々木氏に言わせれば、デジタル時代に当たり前のことを当たり前にでき**

**ないリスクと同じです。高収益企業になるには、デジタル時代に適合すべく、経営者が腹を決めてスマイルカーブの川上、川下へシフトするように人的資本や無形資産に投資しなければなりません。**

この場合の投資はお金だけではありません。人間として向き合い、教育する、指導する投資も含みます。日本企業が本来は得意としていた分野ではないでしょうか。

このように、キーエンスや味の素の事例は、スマイルカーブ上では主に川上へのポジションのシフトです。川上へのシフトは、ニッチな領域でエコシステムを形成できるので、日本企業には向いていると考えています。

もう一方の川下へのシフトですが、デジタルの持つ3つの特性、迅速性、汎用性、相乗効果が発揮されやすい領域ですが、それだけに競争も激しく、技術レベルも高く、参入障壁は大きいと言えましょう。しかし、大きな成果を得られるだけに、大きな成長への野心を持った企業には向いています。

ビジネスへの野心をアニマルスピリットと呼ぶことがありますが、現在の日本にアニマルスピリットをもった企業がどれだけいるでしょうか。かつて、エコノミックアニマルとも呼ばれ、24時間戦えますかというようなコマーシャルが流行りました。私は、そのころ、研究は夜寝ていてもできる、すなわち24時間できると上司に言われ、驚いてしまいました。

この会社ではそこまで頑張らないと、企業も個人も競争に勝てないのかと、真剣に考えこんでしまったのです。それくらいのアニマルスピリットが、30年前の日本の企業にはありました。**働きすぎはもちろん禁物ですが、高収益という成果を出すためには、ハードワークは絶対必要というのが今でも国際的な共通認識**です。

サイドストーリー

## 日本企業が川下でも活躍できる芽はすでに出てきている

ここまで読んで「川上のシフトでないと日本企業は厳しいのではないか」と感じた方もいるかと思います。しかし、そうではありません。前述した通り、川上か川下のどちらかにシフトすればいいわけで、川下がダメということはありません。

その証として、川下へのシフトで成果を上げる日本企業の例とヒントを紹介します。

私は現在、多くの企業のDXのアドバイスをしておりますが、川下へのシフトについては製造業の場合には、「ものづくり」に紐づいた周辺領域のデジタルサービスである、小松製作所のKomtraxや日立製作所のLumadaのような事業モデルを推奨しています。

なぜなら、「ものづくり」で長年成功し、すっかり企業の遺伝子にもなっている日本企業が、それを捨てて川下のプラットフォーマーを目指すというのはリスクが大きすぎますし、事業ポートフォリオ的に考えてもバランスが悪いからです。

Ｋｏｍｔｒａｘは、トラクターなどにセンサーを付けることで世界中の小松製作所のトラクターの運行状況がひと目でわかるようになっており、オペレーションの最適化やメンテナンスに活用されています。このデータを使ってその国の建設工事の活況度まで見えてくるのは有名な話です。このモデルは、広く機械メーカーなどで活用できます。

Ｌｕｍａｄａは、製造産業のセグメントに応じた設計から工場の建設、オペレーションの最適化までこなす、まさに製造業の特定領域にフォーカスした川下型のプラットフォームです。これまで日立製作所で蓄えていたデジタルとオペレーションの知見をもとに、ユーザーサイドの知見も加えることで価値を共創し続ける非常に優れた製造業の川下型プラットフォームと言えます。

川下領域でＧＡＦＡのような巨大なプラットフォームを形成した事例は、まだ日本にはありませんが、ニッチな領域では多くの成功事例があるように思います。

たとえばソニーは、デジタルコンテンツの配信のプラットフォーマーと言えるでしょう。かつて、ソニーがハリウッドの映画会社を買収したときには、アメリカの心を金で買収したと一部では批判されたようです。映画会社もソニーの子会社であるという表示を最初はしていなかったとのことですが、最近では現地の従業員も我々はソニーであると胸を張っていると、現役の専務にお伺いし感動しました。

ハリウッドと言えば、最近アメリカの俳優が生成系AIに反対し、それを支持する日本などには行かないと表明したと聞きました。ソニーの経営者にそのことを聞くと、生成系AIの活用は時代の必然である、いわゆる映画俳優のような役者やクリエイタとAIがどう棲み分けるようになるか、現在大いに議論しているとのことでした。さすが、デジタルコンテンツ配信のプラットフォーマー、ソニーの経営です。

また、金融、銀行、保険、証券などのサービス業は、もともとスマイルカーブの川下にあるので、プラットフォーマーの脅威にすでにさらされています。脅威に打ち勝つべく新たなビジネスのプラットフォーム化にチャレンジしなければ、生き残ることができません。SOMPOホールディングスの当時の社長と楢崎浩一CDOが、「DX or DIE（DXで変わらなければ、会社は存続しない）」と必死になってデジタル川下ビジネスの導入を行った理由がここにあります。

楢崎CDOは、アメリカ政府などを顧客に持つパランティアというPaaS（プラッ

トフォーム アズ ア サービス）企業と合弁で日本法人を設立した立役者として大きな成功を収めています。

また、SOMPO Light Vortexという SOMPOグループのデジタルビジネスの統括会社の社長として、SOMPOグループの新たなデジタルビジネスを開拓し続けています。このように、各業種がしっかりと戦略を立てられれば、デジタル時代においても、日本企業は世界と戦っていけるのです。

第六章

# その戦略は「膨張」か「成長」か

## 膨張から成長への転換こそ分岐点

味の素は最近まで、グローバルトップ10になるために企業規模を拡大することが、なによりの成長であると考えていましたが、利益が伴わないのが悩みでした。

特に、西井社長がトップになったころにはM&Aを積極的に繰り返し、売上や地域展開を積極的に増やしていくことが規定の戦略になっていました。規模を拡大し続けたので、社内での成長感はたしかにありました。

しかし、それらの規模を拡大した事業が減損を計上せざるをえない状況になり、順調だった海外食品事業の成長にも陰りが見えだすと、この成長戦略がたしかなものかどうか、私自身も疑問を持つようになりました。取締役会でも議論されるようになりました。

より明確な問題意識のもとに、成長戦略の転換を目指すようになったのは、名和先生のご紹介で、『三位一体の経営』（ダイヤモンド社・2020年）で有名なみさき投資の中神康議社長と議論したことがきっかけです。

中神社長の意見は**「利益の伴わない企業規模の拡大は、投資家から見ると成長ではなく、膨張であって、最もやってほしくないことだ」**というものでした。これには、目が覚めた気がしましたし、成長戦略変更の主たる理由としても、活用できると直感的に理解しました。

要するに、**これまで味の素がとってきた成長投資戦略は、社内的には理解されてきたが、投資家目線では受け入れがたい膨張戦略だったのです。その結果、収益性が問題視され、株価も低落して時価総額は1兆円を割ってしまった**のです。収益性や株価、時価総額を上げるには、この成長投資戦略を投資家目線で見直さなければならないと痛切に感じました。

その後、中神社長をはじめとするみさき投資の皆さんには、何度か味の素本社にご来社いただきました。公開情報のみの解析から味の素の企業価値をいかに上げるかについて、プレゼンいただき、経営会議メンバー全員で今後の方向性についても議論しました。

あるとき、みさき投資の見方では、公開情報からポートフォリオを転換すれば、株価は4900円近くまで上がる可能性があるという提案がありました。そのときには、株価はすでに1700円を切っていましたから3倍近い上昇です。

　私はアミノサイエンスでROA（総資産利益率）と利益を3倍にした経験があったので、可能かもしれないと思いましたが、その場合は「切らねばならぬものは切る」といったつらい選択もしなければなりません。まわりの反応はさまざまで、すぐに全員一致すればいいのですが、さすがにそうはいきませんでした。

　その後、ポートフォリオの見直しやみさき投資の提案に対して、一部から大変強い反対意見があったのは事実です。しかし、DXを開始し、パーパス経営に転換し、議論を深めるなかで好結果も出はじめると新投資戦略への賛同者は増え、自信も深まっていきました。

　中神社長の提案を受ける前に、私と西井社長のあいだでは、投資戦略の変更に対して、すでに議論が開始されていました。それは、事業ごとのROAに対する議論です。

『伊藤レポート』により、ROE（自己資本利益率）8%以上が企業のパフォーマンスの新スタンダードと提案されていましたが、味の素社内での議論になったときに、これに最初に異論を唱えたのは名和先生でした。

**「ROEは財務レバレッジが入るから、企業のパフォーマンスを向上させるためには、事業の総資産に対する利益率そのものをモニタリングしたROAをKPIとすべきである」**。というコメントは、私にとって非常にピンときました（財務レバレッジとは借入金や社債など、他人資本を含めた総資産が、自己資本の何倍になるかを表す指標です)。

私がアミノサイエンス事業部本部長に就任したとき、12組織のパフォーマンスはバラバラでした。どうやってバラバラな事業を統一基準で評価したらいいのか悩んだ挙げ句、ROAを統一基準として、評価するということはすでに決めており、それによってアミノサイエンスの事業本部運営がうまくいきはじめたときだったため、名和先生の言葉も腹に落ちたのです。

実はこのときに、ちょっとした発見をしています。味の素における事業のROAをすべてチェックしたのですが、**ROAを構成する2つの要素である売上高利益率と総資産回転率(売上高と総資産の比率)のうち、味の素では、事業特性に関係なく総資産回転率がほぼ1であるということがわかった**のです。

食品事業、それも冷凍食品、調味料、飲料などバラバラなものを比べてもほとんど1でした。アミノサイエンスのバルクアミノ酸事業や甘味料事業、化成品事業などすべてを比べてみましたが、これらもほとんど1でした。

また、ROAが高い事業でも、総資産回転率が1を大きく超える事業はほとんどありませんでした。すなわち、ROAは売上高利益率と総資産回転率の掛け算で表されるため、味の素のROAはほぼ売上高利益率に近いということです。ですから、ROAを上げるためには、売上高利益率を高めるべきであることが非常に明確になったのです。

前述したようにキロ単価を上げると売上高利益率が高くなるので、**「キロ単価を上げること」がROAを上げることに直結する**ことも意味します。キロ単価の法則ですでに盛り上がっていた西井社長との議論は、ROAでも再度盛り上がることになりました。事業分野に関係なく、全社の指標にできるからです。

それでも、経営レベルでROAを基準に投資判断をするには時間を要しました。なぜなら、長いあいだ味の素の投資判断基準は売上拡大だったので、ROAが低くとも投資で認められてしまっていたからです。

特に、西井社長時代の前半における海外食品事業への投資判断がそうでした。極端な例を挙げると、ROAが1~2%台でも投資判断をOKにしたことがあります。さすがに、私もこれはまずいと感じ、最低でも5%程度は目指してほしいと何度も要求したのですが、当時は極端に成長志向が強く、結局は1~2%のROAの提案を合議で承認してしまいました。残念ながら、その事業は数年後に大きな減損を計上せざるを得ませんでした。

しかし、西井社長のすばらしいところは、そのような判断の失敗に対して、きちんと責任を取り、かつ納得したら新たな方針を示し、それを徹底するリーダーシップがあることでした。意固地になることなどは決してなく、非常に物事をフラットに判断できる目をお

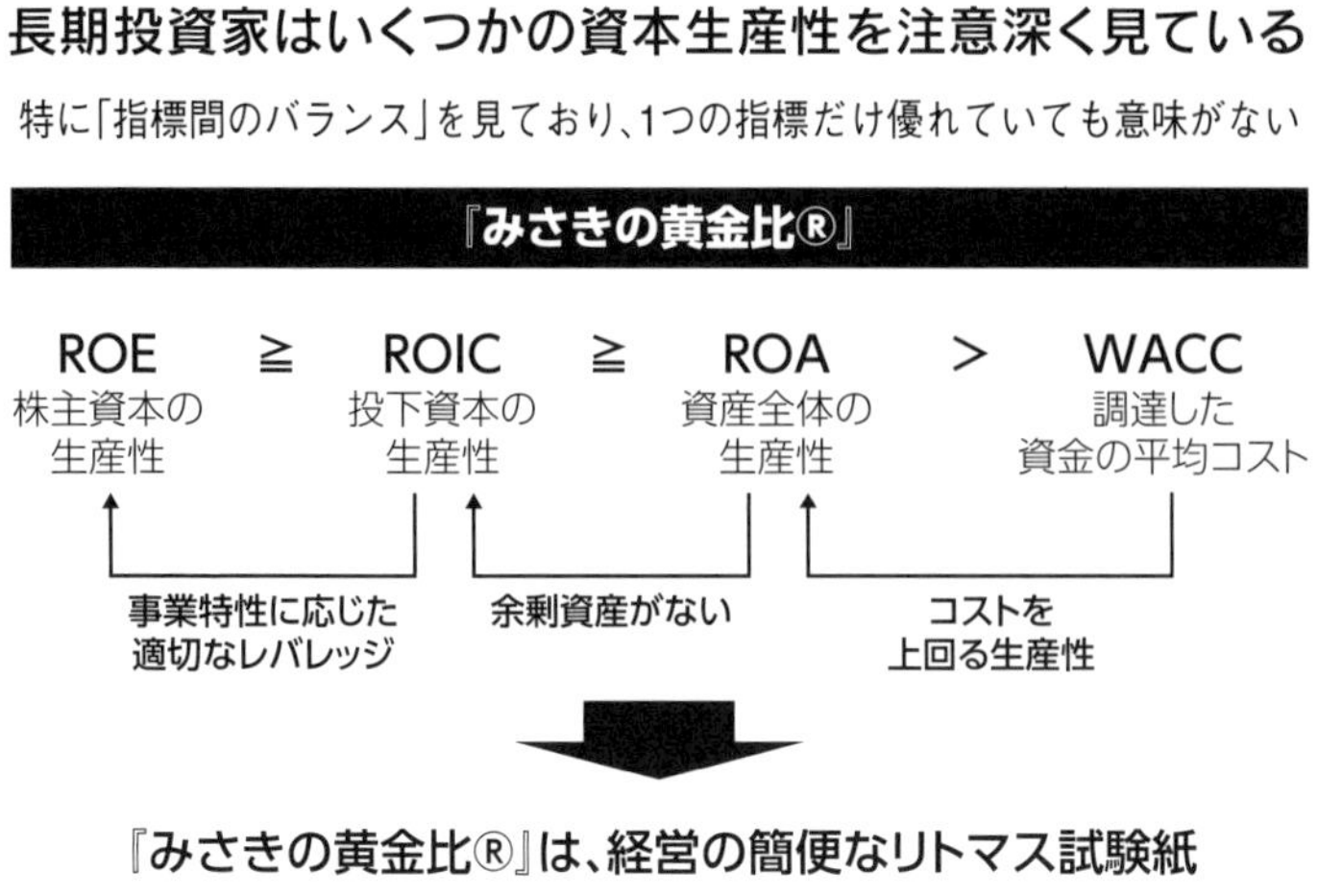
長期投資家はいくつかの資本生産性を注意深く見ている
特に「指標間のバランス」を見ており、1つの指標だけ優れていても意味がない
『みさきの黄金比®』
ROE ≧ ROIC ≧ ROA ＞ WACC
株主資本の生産性
投下資本の生産性
資産全体の生産性
調達した資金の平均コスト
事業特性に応じた適切なレバレッジ
余剰資産がない
コストを上回る生産性
『みさきの黄金比®』は、経営の簡便なリトマス試験紙

出所：『経営者・従業員・株主がみなで豊かになる三位一体の経営』中神康議、ダイヤモンド社、2020年

持ちでした。その後、ROAはポートフォリオマネジメントの基準にもなりました。

みさき投資の中神社長のご提案は、味の素の投資マネジメントとして、『みさきの黄金比®』を守っていれば、投資家の好むような利益成長が可能になるということでした。『みさきの黄金比®』とはWACC（加重平均資本コスト）、ROA（総資産利益率）、ROIC（投下資本利益率）とROE（自己資産利益率）との関係式を指し、上図の式で表されます。なお、それぞれの財務指標は次の意味を持ちます。

WACC　借入にかかるコストと株式調達にかかるコストを加重平均した財務指標

ROA　自己資本と負債を合わせた総資

産を使って、どれだけの利益を生み出したか表す財務指標

ROIC　調達した資金に対して、どれだけ効率的に利益をあげることができたかを表す財務指標

ROE　自己資本で、どれだけ効率的に利益を出せているか表す財務指標

『みさきの黄金比®』に則ると、WACCよりも、ROAが高くなければいけません。言い換えれば、事業は資本調達によって得た資産で、資本調達の利子よりも高い利益率を上げなければならないということです。

個人レベルで考えると非常にわかりやすいことで、借りたお金で金利よりも高い運用益を上げなければ、お金を借りて運用する意味がないのと同様です。

次に、ROICはROAと同等もしくは、上回らなければなりません。等しいときは資本調達をした資金をすべて投資に回したときですが、通常は調達した資本をすべて投資に回さないのでROICが、ROAより高くなるのです。

このROICが、ROAと等しいか大きいと、投資した事業が余剰のキャッシュを生むため、利益も生まれ、より大きな投資ができるようになります。加えて、またそれがより大きな利益を生むという好循環が生まれます。

これが投資家から見た企業のあるべき成長の姿なのです。こうなると、生み出す利益が

どんどん大きくなり、株価や時価総額は急上昇していきます。これが『みさき黄金比®』のコアの部分です。通常、事業単位でROICを計算するのは手間が多くかかるので、事業単位ではROAをモニターし、全社レベルではROICをモニターする企業が多いようです。

かつての味の素がそうであったように、**経営は既存の成長路線をそのまま走りがちです。しかし、経営環境が変わると、その成長路線の生み出す利益が減少して、成長しているつもりが、いつのまにか膨張に変わり、利益減少、株価と時価総額の低下という事態に陥ってしまうのです。**

昨今、そのような企業が増えていることが、日本企業の大きな問題点として指摘されています。経営は常に、各々の事業のROA、そして企業全体のROICがWACCを上回るように努力しなければなりません。

## 最後のカギは「自社流のイノベーション」を起こせるか

企業のPBR、株価、時価総額を上げるために、利益レベルを上げる必要性があることはすでに議論しました。また、具体的には次の3つが重要ですが、既存事業や既存商品の積み上げを繰り返しても達成できないことばかりで、そこにはイノベーションが必要なことは明らかです。

- **キロ単価を上げる（サービス業の場合には、サービス単価を上げる）**
- **スマイルカーブの川上、川下に事業をシフトする**
- **WACCを上回るROA・ROICにする**

しかも、イノベーションと言うからには、他社のマネごとばかりではすまされず、特定の事業部や担当者の知恵だけに頼ることもできません。すなわち、イノベーションは全社に共通する方法論でやらなければなりませんし、他社がなかなかマネすることができない仕組みを自社に持つ必要があります。

このようなイノベーションの仕組みを自社に適したようにつくるには、どうしたらよいでしょうか。これが、私にとっても味の素にとっても長年の課題であり、難題でした。

自社に適しているとは言っても、それは長年やっている事業でもないですし、必ずしも現在の主力事業や主力組織がやっていることでもありません。

自社に適したイノベーションの仕組みを構築するには、**「自社のDNA」とも言える競争力のコアの部分に、イノベーションの方法が適合していることが必要で、その「自社のDNA」を見出すことが最重要でした。**

味の素の場合には、これが「おいしさ」でも「調味料」でもありませんでした。西井社長と私が中心になって見出したのは、「アミノ酸のはたらき」でした。

主力の食品事業の目線で考えると、どうしてもおいしさやそれを作り出す調味料、そして健康に有用な栄養という概念に無意識のうちにフォーカスしてしまいます。これもある意味DNAと言えるかもしれませんが、見出すべきDNAは、企業内の種々の事業に共通した競争力の源泉をくりだすようなDNAであるべきです。そうすることで、すべてのステークホルダーが理解でき、社員が誇りを持てる概念になるのです。

西井社長と私は、アミノ酸のはたらきこそが味の素のDNAであると考え、そのはたらきをシンプルに4つのカテゴリーにまとめました。

**アミノ酸のはたらき**

1　呈味性《ていみせい》（食べ物をおいしくする）

2　栄養性（成長・発育を促す。消耗を回復する）

3　生理活性（体調を整える）
4　化学反応性

味の素のすべての事業がアミノ酸のどこを利用して成り立っているのか、この4つの働きから説明できます。

主力である食品事業である調味料は、アミノ酸の呈味《ていみ》性や栄養性を利用した事業です。アミノ酸事業やバイオ事業は、栄養性、生理活性を主に利用し、化成品事業、電子材料事業などは、その反応性を利用しています。

このように、アミノ酸の4つの働きに関しての知見と経験、そして蓄積した科学的なデータこそが、味の素の保有するDNAそのものであると考えたわけです。

現在の藤江社長率いる経営チームは、「アミノ酸のはたらき」をさらに上位概念化して、味の素グループ独自の科学的アプローチという意味の「アミノサイエンス®」という表現に変えました。

味の素のユニークネスを強調するために、アミノ酸の科学とはせずに、オリジナリティが感じられる「アミノサイエンス®」という造語を適用したのです

**こうして企業のDNAが決まったら、DNAを起点にした価値創造ストーリーをつくる**

## 味の素の「価値創造ストーリー」

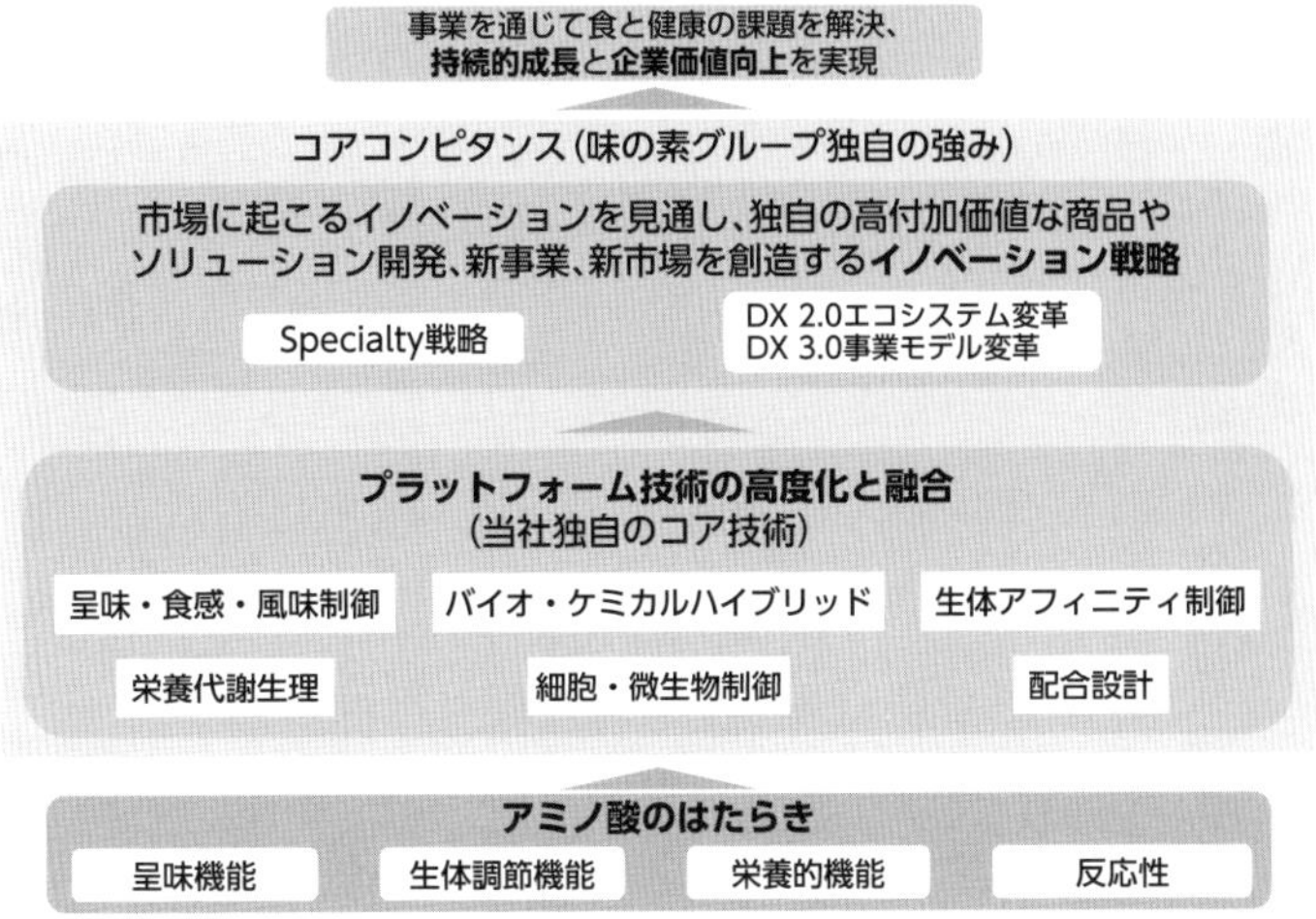


出所：味の素株式会社発表資料

必要があります。イノベーションを生み出す企業全体のシナリオやそのイノベーションが、顧客や社会全体にどう貢献するのかについて、説明する全体シナリオを用意するのです。これが、最近ＩＲで注目されている「価値創造ストーリー」の意味です。

**価値創造ストーリーは、企業がいかに顧客や社会の役に立っているか、すなわち、なくてはならない存在であるかを説明する側面と企業がいかにイノベーションを通じて、その企業ならではの価値を上げ続けることができるか、という2つの側面がわかりやすく表現されている必要があります。**

西井社長と私が主導してつくった、

味の素の価値創造ストーリーを示します（前ページ図）。すでに、お気づきのように、これが、西井社長と私の共有する「夢」でありました。

このように味の素は「アミノ酸のはたらき」という、まさに自分たちにしかできないことを基盤に価値創造ストーリーをつくり上げていったのです。

## 「メビウス運動モデル」で会社の勝ちパターンをつくる

自社のＤＮＡの確立に加えて、名和先生の提唱するメビウス（永久反転）運動モデルを妥協なく繰り返していけば、企業におけるイノベーションを連続的に生み出す、企業内の連携システムが完成します。次のページにメビウス運動モデルをお示ししました。

メビウス運動モデルは、まず顧客現場から、顧客にとっての未実現の潜在ニーズを探ります。その後、潜在ニーズを、自社のＤＮＡに照らし合わせて、顧客が本質的に求めている価値を自分たちがどう提供できるかを考えます。

加えて、他社にはない模倣困難な価値を提供するにはどうしたらよいかについて深く考え顧客洞察を行います。そこでわかったことを元に事業化とスケールアップについての有

## 味の素が採用した「メビウス運動モデル」

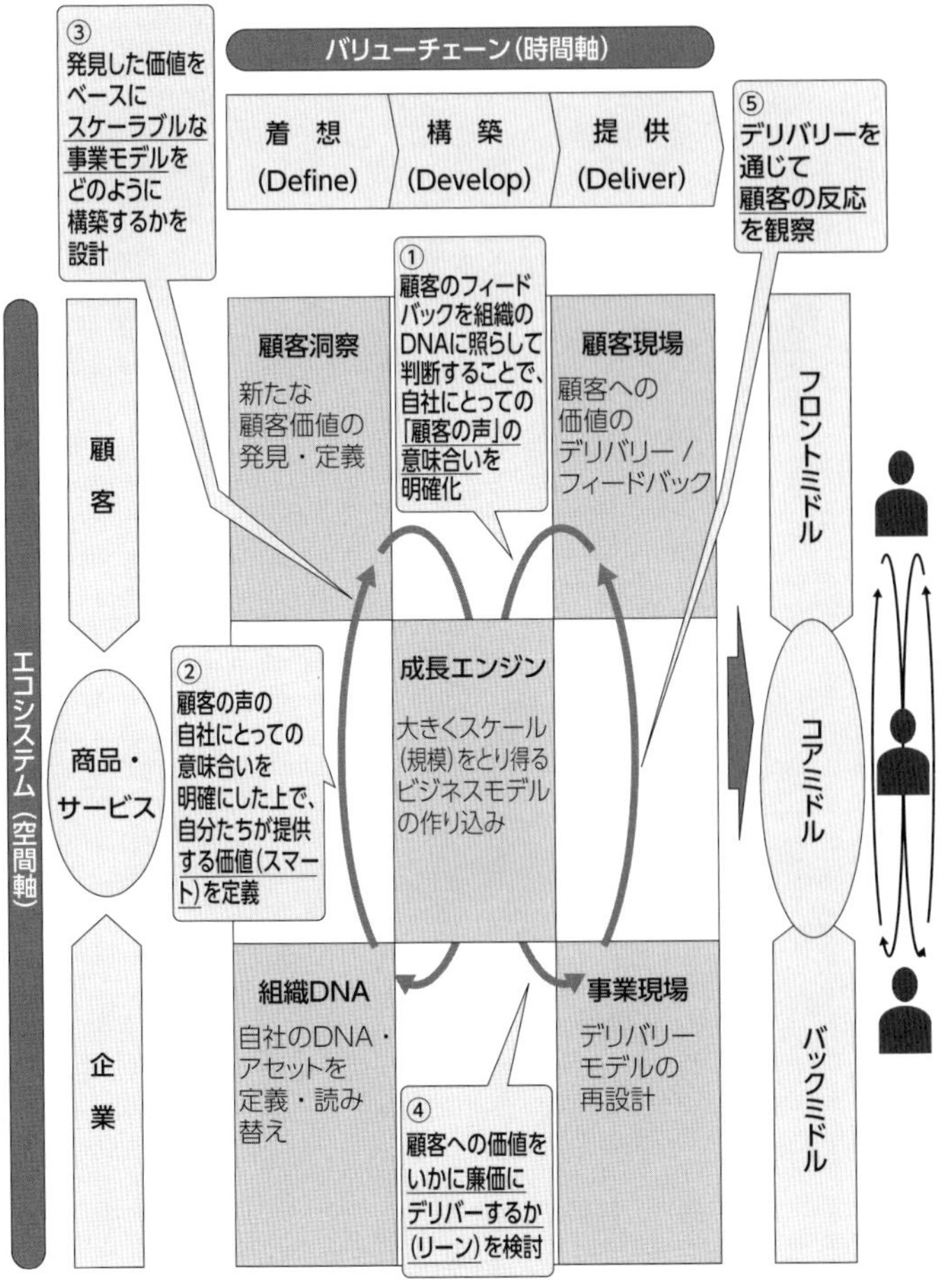


出所：『企業変革の教科書』、名和高司著、東洋経済新報社、2018年をもとに著者作成

効なモデルを成長エンジンとして組み立て、最後に商品・サービスとして事業現場でいかに無駄なく提供できるかを検討し、実行します。

そして、再び顧客現場に戻り、このメビウス運動を繰り返すというものです。他社が追いつく前に、自社でこのモデルが常に先行していればその事業の成長力、競争力は決定的なものになります。

味の素の電子材料事業は、メビウス運動モデルのいい事例です。B2Bビジネスで、一般消費者にはなじみのない事業ですが、過去20年にわたり、『ABF（味の素ビルドアップフィルム）』は、コンピューターに必要な高性能のCPU用の絶縁材として、圧倒的な性能を武器にシェアNo．1を継続してきました。今では、味の素の利益を支える成長ドライバーとなっています。

パソコンは高集積化が進み、1990年代のCPUでは、その端子はわずか40本であったものが、今では1000本以上になりました。それに伴いCPUを接続する方法も、リードフレームと呼ばれる金属の端子を使うものに変わって、配線が複雑に積層された回路基板に実装する方法が採用されるようになりました。

そして、そのような特殊な回路基板を製造するのに、新たな絶縁材料のニーズが高まっていったのです。味の素では、1970年代にアミノ酸に関するノウハウを応用した絶縁性を持つエポキシ樹脂に注目し、基礎研究を続けてきました。そして1990年代、その技術をパソコン用半導体に応用することを選択しました。

さらに、後発だった味の素ABFは、他社と異なることに挑戦すべく、それまでインク形式であった絶縁材料のフィルム化という困難な開発に着手したのです、

インクからフィルム上の絶縁材料とすることは、高性能のさまざまな課題を克服するためだけでなく、なによりも世界が必要とする技術でもありました。そこで、味の素が取り組んだのは、絶縁材料の性能を決定する樹脂組成物の研究開発でした。この組成物は電子材料としてのさまざまな機能と容易にフィルム化できる加工性を備えてなくてはいけません。

そのために、有機物のエポキシ樹脂や硬化剤、無機フィーラーという微粒子を独自のノウハウで組み合わせた手法を開発しました。またお互いに混ざりにくい有機物と無機物を均一に分散させて、絶縁性と優れた加工性を持たせることも技術的なハードルでしたが、やがて研究開発チームは、これらをクリアした熱硬化性のフィルム開発に成功しました。

その後、耐久性や熱膨張性、加工性など高い性能を持つABFは、1999年に大手半導体メーカーに採用されて以来、絶え間ない回路の高集積化に対して進化を続け、現在もメインとなる高性能CPUに採用され続けています（味の素公式サイト情報2024年3月時

点）。

また、味の素では絶縁性だけでなく、種々の性能、機能を持った商品を開発中であり、社内ではＡＢＦならぬ、『ＡＸＦ（Ｘは、ビルドアップフィルムだけでなく、多機能を持つフィルムのシリーズであることを表す）』と呼んでいます。味の素のＡＢＦフィルムは、名和先生の提唱するメビウス運動をいかに妥協なく、繰り返して得られたイノベーションであるか、ご理解いただけたかと思います。味の素のＤＮＡである、アミノ酸の働きがもたらした電子材料事業でのイノベーションです。

## 競合の追随を許さない「スペシャルティ４・０」

味の素グループの電子材料事業は、電子材料業界にイノベーションをもたらすと同時に、味の素の株価浮上、再成長に大きく貢献してくれました。

しかし、貢献したのは電子材料事業だけではありませんでした。伝統的な調味料事業、アミノ酸事業に加え、新たに成長したバイオ関連事業など、多くの事業が同時的に味の素の再成長に貢献しだしたのです。その秘密は、**「スペシャルティ４・０」**にあります。

キロ単価の法則の部分で説明したように、利益成長をもたらすのは、キロ単価の高い商品です。しかし、1つの商品モデルで成功すると、どうしても慢心が生まれ、同じ商品や付随するサービスを繰り返し提供するので、競合が登場し、やがて量と価格の競争になります。そのうち、競合の下値をくぐる価格ダウンの流れになり、収益性はどんどん低下します。味の素では、この悪い流れを幾度となく経験しました。

量と値段の競争になりやすい事業は、いわゆるコモディティ化した商品・サービスです。これに対して**スペシャルティの概念は、特別な商品・サービスであり、オンリーワン、あるいはNo.1の商品・サービス**を指します。当然ながら、単価も利益も高くなります。

ですが、残念なことに、西井社長が就任したときは、規模拡大のためにコモディティ化した商品を持つ事業をM&Aで取得することを繰り返したときだったので、直近まで成長ドライバーであった海外食品における商品のスペシャリティが他社に追いつかれ、失われつつあるときでもありました。結果として収益性が急速に下がり、株価も下がり、時価総額も1兆円を割ってしまったのです。

そのとき私は、アミノサイエンス事業本部長として脱コモディティを実行し、電子材料事業やアミノ酸、バイオ関連事業など、スペシャルティ化を進めて実績を上げていたので、西井社長に次ページに示したスペシャルティ4・0の考え方を全社展開して、全社の利益

### スペシャルティ商品(4.0)とイノベーション

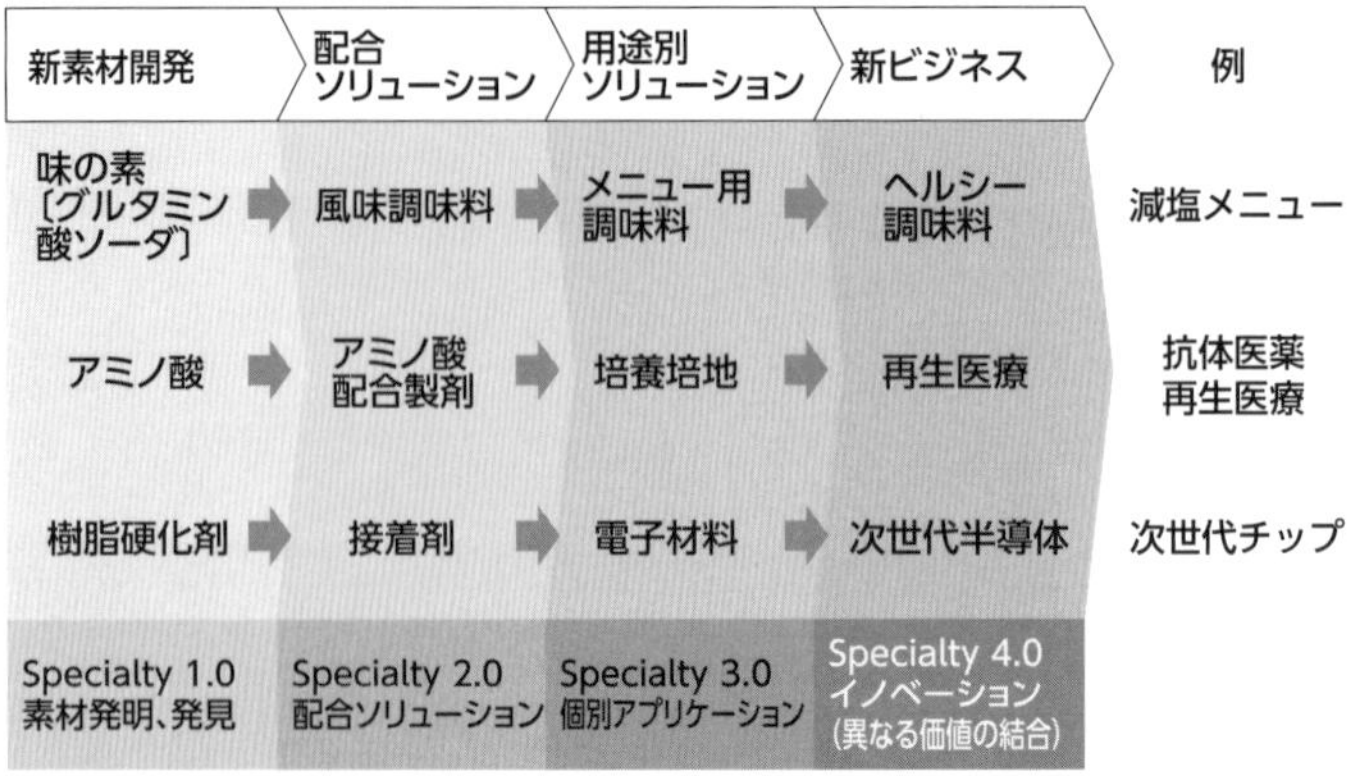


レベルを上げることを提案しました。

また、デジタル技術を活用して、スペシャルティ商品・サービスの開発速度を2倍に上げる提案も行い、味の素の重要なDX推進テーマと位置づけました。

スペシャルティ4・0とは、すなわち、味の素における、**スペシャルティの開発を4段階に整理して、全事業にあてはめた共通開発指針**のことです（上図）。このスペシャルティ4・0の考え方とメビウス運動モデルを組み合わせることで、味の素のスペシャルティ開発およびイノベーション能力は飛躍的に高まりました。

たとえば、調味料事業ですが、**スペシャルティ1・0は、調味料素材の発明・発見**です。創業時に発明したグルタミン酸ソーダ（商品：味の素）がその例ですし、イノシン酸やグアニル酸などが初期の商品です。最近では、数百もの種類の調味料素材が発見、発明されています。

次に**スペシャルティ2・0は、素材の配合商品**です。素材を数種類、数十種類配合し、加工することで、より付加価値の高い調味料超品が出来上がります。商品例では、『ほんだし®』などがなじみ深いと思います。最近、発達しているマテリアルサイエンスやAI関連のデジタル技術と社内データの蓄積により、開発スピードが飛躍的に高まっています。

続いて、**スペシャルティ3・0は、特定のメニューを想定したメニュー用調味料**です。スペシャルティ2・0が素材から着目したのとは異なり、スペシャルティ3・0は目的から逆算した考えとも言えます。『CooK Do®』などの商品が相当します。

最後に、**スペシャルティ4・0は調味料とは違う価値、すなわち『異種の価値結合』をすることによって、新たな価値を創造する、すなわち「イノベーション」の段階**です。

いろいろな商品がここから生み出されていますが、たとえば、ヘルシーな減塩、減糖などの新たな価値を付け加えても、「おいしさ」が変わらない調味料などはその例です。味の素では、塩分や糖分を30〜50%カットしても、おいしさが変わらない多くの商品を提供しています。

調味料商品を例に説明したのは、このスペシャルティの考え方が、味の素では食品分野、特に調味料分野で伝統的に大事にされてきたからにほかなりません。

私がアミノサイエンス事業本部長に就任したころは、事業本部全体がコモディティ化しており、利益も成長率も最低の状況でした。そのときに、脱コモディティ化とスペシャルティ化を指導してくださったのが当時の伊藤雅俊社長（後の会長、現在特別顧問）です。

あるとき、伊藤社長が、プレゼンテーションで調味料の発展の歴史を語ったときに、これは使えると思い、その考えを一般化しました。その後、アミノサイエンス事業本部全体にマネジメントポリシーの重要な一部として説明し、スペシャルティ4・0の概念を一気に展開していきました。

電子材料もそのうちの1つですし、アミノ酸事業もアミノ酸素材（スペシャルティ1・0）、配合（スペシャルティ2・0）、バイオ産業用培地（スペシャルティ3・0）など、どんどん高いキロ単価の高いスペシャルティ商品を開発していき、4・0では再生医療用の部材提供にとどまらず、細胞培養サービスへの足掛かりもつくってきました。

このような経緯をたどって、味の素では、スペシャルティ4・0の考え方はアミノサイエンス事業本部のみならず、全グループで共通の付加価値開発、イノベーション創造の概念になっています。現在では、スペシャルティ4・0の考えを全社展開することで、食品とアミノサイエンスの開発チームが、まったく同じアジャイルな考え方でデジタルテクノロジーを駆使し、共通のデータマネジメントシステムを用いて、迅速な商品・サービスの開発を行っています。味の素の大きな成果の1つです。前述したSAVEマーケティングの考えと組み合わせると味の素グループの価値創造ストーリーの骨子の一部となったのは言うまでもありません。

## リスクを恐れずにデジタル時代の大波に乗る

**収益力の低下した企業は例外なく、ビジネスモデルが陳腐化し、企業の活力とも言うべき人財の生産性も低下し、極めつきは組織風土カルチャーも低いポジションに落ちてしまいます。**

味の素がたどった株価低落、時価総額1兆円割れからの脱出、そして時価総額3兆円を超える再浮上のプロセスはまさに、これらの課題を解決するためにデジタル時代の大波にうまく乗ることと同義でした。

伝統的なものづくりへのこだわりが強い企業ほど、利益ポジションの低いスマイルカーブの川中にとどまりがちで、デジタル時代に押し寄せる川上、川下の両サイドからの大波

**デジタルを媒介として産業構造、社会構造が
未来に向け大きく変化していく**

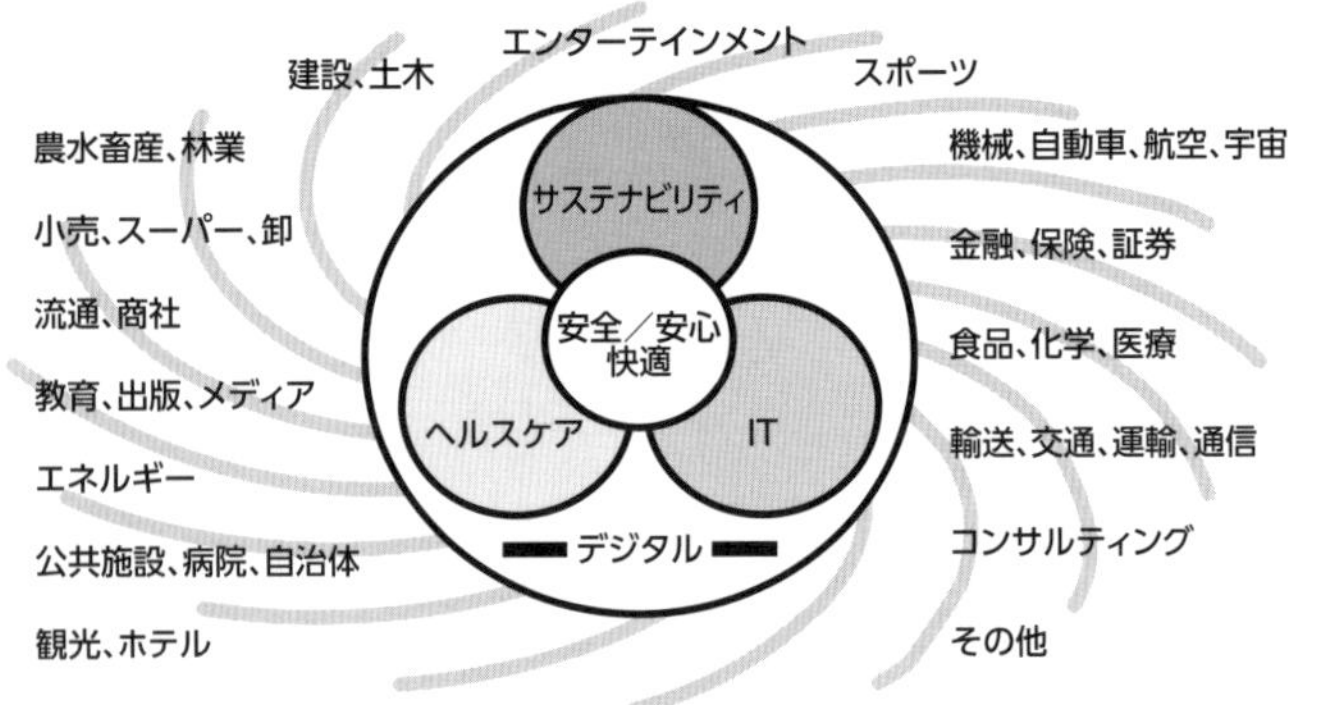


経済成長のコア領域は、①IT、②ヘルスケア、③サステナビリティ（地球、宇宙含む）、④安全・安心・快適などで、この成長の波、うねりにあらゆる産業が巻き込まれ、呑み込まれてかたちを変えていく

に、呑み込まれ、押しつぶされてしまうリスクがあります。

ですが、それは**言い換えれば、スマイルカーブの川上、川下へすみやかにシフトすることで、デジタル時代の大波に乗るチャンス**が訪れるとも受け取れます。

前述したように、時代の産業構造は急速に変化します。たとえば、上図に示したように、デジタル化の大波は、伝統的な産業構造のなかで生き延びようとする既存企業を台風のように巻き込みながら、産業構造全体を変えていきます。

この台風の目は、急速に成長する産業セグメントで、現在は主に次の4つなどで構成されます。

## 味の素は未来に向けて事業バランスを変えていく

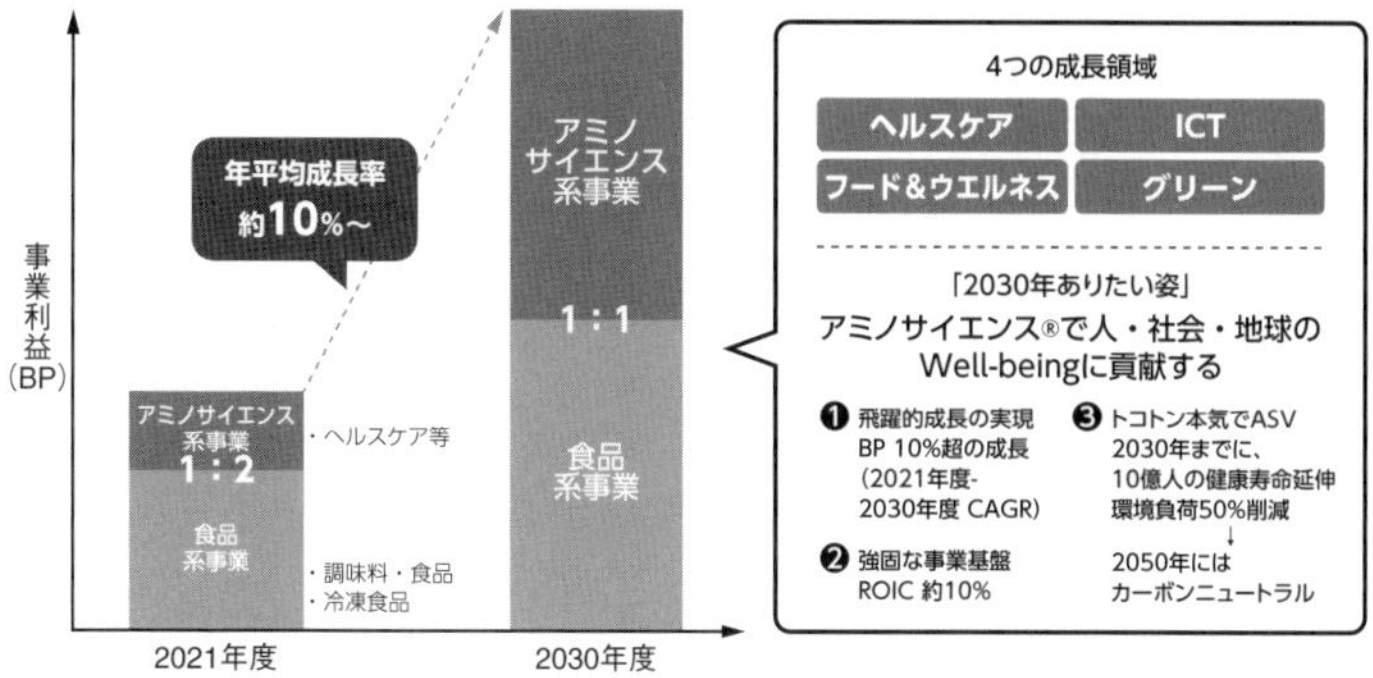


重点事業の進化と成長をドライブする事業モデル変革（BMX）により、
提供価値起点の4つの成長領域での成長へとシフトすることで、
高収益かつユニークで強固な構造を目指す

出所：味の素株式会社発表資料

1　ＩＴ
2　ヘルスケア
3　サステナビリティ（地球、宇宙含む）
4　安全、安心、快適

これらの成長セグメントを中心に、デジタル技術が産業構造の変化を加速する媒体となっているのです。

たとえば、味の素が現在大きく成長している分野は、電子材料やアミノ酸、バイオなどのアミノサイエンス事業分野です（上図）。現在の味の素の経営陣は、2030年には、味の素の利益構造を食品分野とアミノサイエンス分野の比率を1対1にすると計画しています。

そうなると、2030年の味の素は、も

はや食品産業には分類されないでしょう。同様の**企業構造、産業構造の変化はあらゆる分野でまさに進行中**であります。

## 閉じた「縦割り組織構造」では分断が起こる

日本企業は縦割り色が強く、閉じた縦割りの構造のなかに、ヒト、モノ、カネ、情報が存在し、縦割り組織間のコミュニケーションや人事異動などが極端に少ないというのが特徴です。

**情報やデータも縦割り組織構造内に閉じ込められて、活用しきれていないのが日本企業も多い**のではないでしょうか。

事業部や事業本部の人事は、上にいけばいくほど、その事業部、事業本部の歴史や事業内容を詳細に知っていることが要求され、経営会議は事業利益、組織利益を代表すると組織トップの集まりになりがちです。これが日本企業の人事運用がメンバーシップ制と言われるゆえんでもあります。

予算は前年度の実績が重んじられて現場からの積み上げ方式で行われ、大きな予算変更

## 日本企業の特徴である「閉じた構造」

すべてのリソースが事業部内でとどまってしまう

処置はされず、全社予算も事業組織や間接組織の申請予算の足し算を基本に、全社調整枠を設けて微調整するだけにとどまります。

　モノについても、事業縦割りの管理制度であり、ヒト、モノ、カネに由来するすべての情報やデータも事業部内で管理される資産になります。

　基本的にすべて閉じていて、事業部間で共有化されない、もったいない構造です（上図）。

　これではデジタル化のメリットである、迅速性、汎用性、相乗効果がまったく発揮されません。

　このような組織構造の企業に最新のＩＴシステムやＥＲＰ（エンタープライズ・リソー

ス・プランニング）、ＤＭＰ（データ・マネジメント・プラットフォーム）を導入しても生産性は変わらないどころか悪化することすらあり、導入コストばかりがかさみ、利益は低下してしまう、とても皮肉な結果になってしまいます。

## 組織の壁を取り払えば、未来への道も拓ける

この日本企業に特徴的な企業の閉じた縦割り構造に対して、**ＤＸの進んだ企業や社会では、ヒト、モノ、カネ、情報、そしてデータが、よりオープンなかたちで利用できるシステム**になっています。

事業ポートフォリオは産業構造の変化を反映して迅速に変わりますし、データ構造は少なくとも企業内やアライアンスを組む企業連合内では、共通のデータレイヤー構造を形成しています（左ページ図）。

また、ヒト、モノ、カネはより優れた事業アイデアを持つ企業へ機会を求めて移動していく市場構造になっています。

データに関しては、漏洩などのリスクが高いために、ヒト、モノ、カネに比べて、自由

## DXの進んだ企業・社会で見られる「オープンな構造」

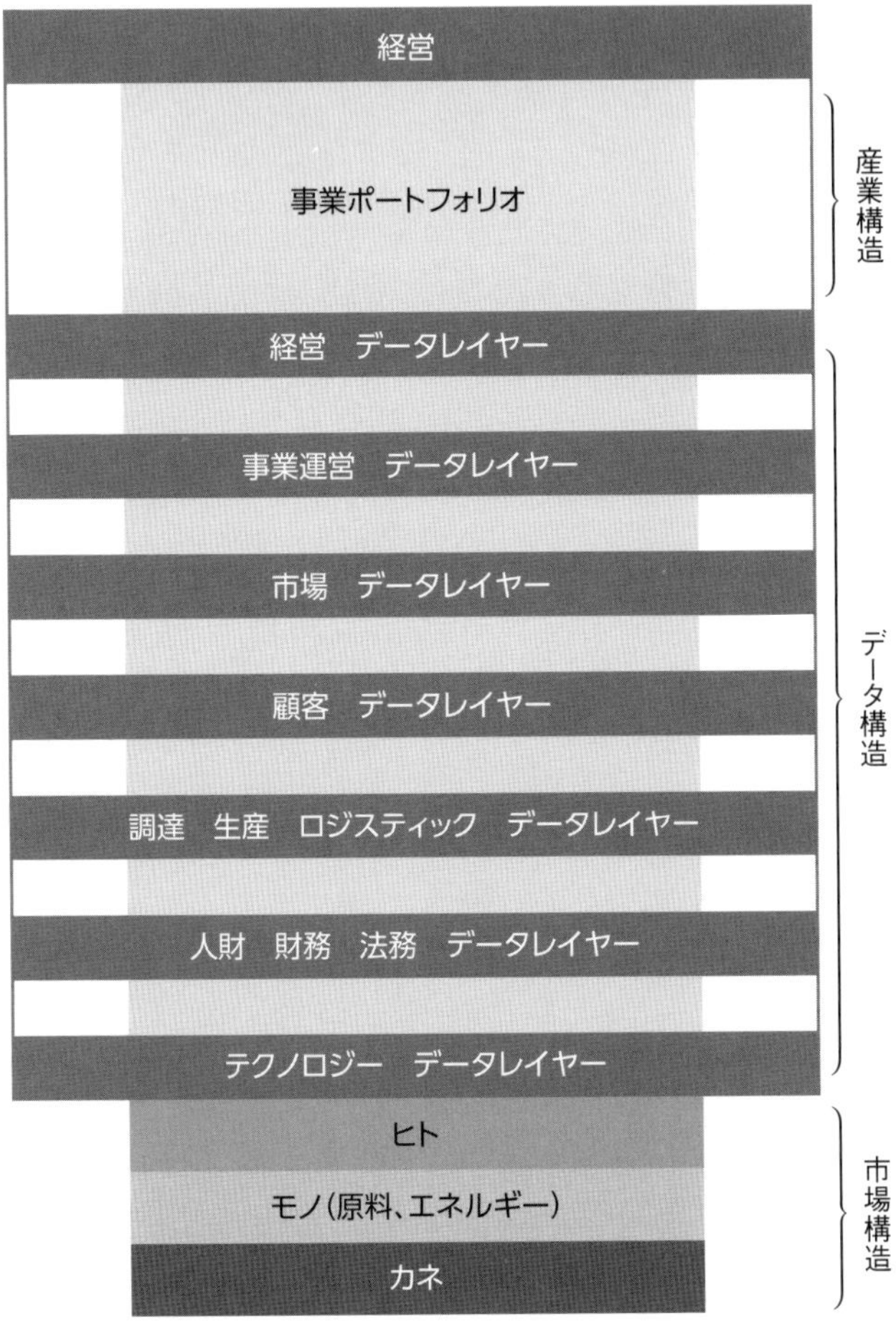

には移動できない構造にすべきですが、社会的にもデータの民主化の波をつくり出し、種々のデータの開示要求、活用する要求は高まっています。先進企業や先進国のほぼすべてが、DXの推進やDMPの構築、活用などはすでに終了し、現在はデータに関するセキュリティやリスクマネジメント、法順守などがDXの主要テーマになっている理由がここにあります。

日本社会全体が閉じた社会になっていますが、問題なのは、企業間競争はすでにグローバルレベルであり、電気自動車のような巨大成長産業は、国家をも巻き込んだ激しい競争となっていることです。

サイズも見劣りする小さな日本企業が、それぞれ閉じた組織風土や経営スタイルをいまだ保持し、その企業内部にさえも、同じように閉じた構造を持つ複数の組織構造がバラバラに存在しています。ヒト、モノ、カネ、情報やデータが有効活用されていない現状は、ホワイトカラーの生産性の低さ、企業価値の低さに直結しており、実に嘆かわしい状況と言えます。

もし、これに日本企業独特の横並び主義が影響しているとしたら、**一刻も早く、この横並び主義から脱却するべき**でしょう。味の素も、まだすべての横並びから脱却したわけではありませんが、ホワイトカラーの生産性の向上にチャレンジ中です。

日本企業は、昔からリスクテイクが苦手で、石橋を叩いて渡ると言われてきました。しかし現在は、その石橋に津波級の大波が押し寄せている状況です。早く渡り切って、津波の届かない高所へと逃げなければなりません。

リーダーである社長、そして変革のペアである副社長やCDOがリスク状況を素早く察知し迅速な判断で企業をけん引しなければならないのです。それには、横並び主義、ことなかれ主義の日本企業を引っ張り上げる気概が必要です。ヒト、モノ、カネ、情報、そしてデータに関していまだに、閉じたかたちになっている日本社会全体を変えるくらいの気概が必要でしょう。

サイドストーリー

## XRで新たな成長の道筋を示す

株価が下がり続けていた当時の味の素のIRでは、そのときの主力事業に対する説明と質疑応答が多くなっていました。動物栄養事業が大きな利益と成長をもたらしていた時代には、その関連質問がほとんどでしたし、その後、海外食品の成長が続いたときには、海外食品関連の質問がメインで、その対比として今度は大きく落ち込んでいた動物栄養事業をどう立て直すかばかりに質問が集中しました。

　これは企業とアナリストの関係や関心事項が膠着状態になっている証拠です。業績が上向きのときは、これでも企業の株価は上昇しますが、業績が一度下降しだすとアナリストサイドは業績のボトムがどこかを見極めようとしたり、なにか新たな成長のネタはないのか探ろうとしたりしてさまざまな質問を繰り出します。

　企業サイドがそれに答える用意がないと必要以上に評価を下げることになってしまいます。これが原因で、一時の味の素は投資家に「言いたいことは言うが、言うべきことを言わない会社」というレッテルを貼られていました。

　あるときには、事業本部の役員を名指しで、「あなたは去年なんと言ったか、ご自身の言葉を覚えていますか。まったく実践できていない」と大変厳しいご指摘を受けることもありました。これでは、企業サイドとアナリストサイドで健全な相互理解が得られないどころか、溝が深まるばかりで株価は下がってしまいます。

　また、当時は海外食品事業の成長も鈍化しつつあり、いわゆるグロース投資家が株を大量に売却し、去っていったことが後日の解析でわかりました。こうなると株価の低落に歯止めがきかなくなります。

　IRの担当は、そのときの主力事業の説明には慣れていますが、グロース投資家を惹きつけるような、成長の匂いがする新たな成長の道筋を示すことが必ずしも得意ではありません。まだリスクのある小さな分野について主力事業を差し置いて説明するのは難があると考える傾向があります。

取締役会でIRの有効性が議論されたときに、私は事業責任者がこれまで全社のIRで説明したことのない新事業分野や新成長分野について説明することの重要性に気がつきました。そのきっかけは名和先生が提唱するXR（主流である食品部門の業績のみを対象としたIRではなく、非食品部門やサステナビリティ、DXなどの戦略情報を提供する活動の総称）との出会いです。

味の素では、そのときにはじめて電子材料事業やバイオ、医薬事業、化成品事業などについてXRを実行し、これまで味の素のIRに来たことのない専門領域のアナリストや新聞記者を招待しました。

結果は驚くほどのインパクトがあり、その領域専門家が多数集まるだけでなく、多くの質問を受けました。また、既存のアナリストも多く集まり大盛況となりました。

XRが終わり、質疑応答に残ったとき、味の素が長らくお世話になっているアナリストの1人から「福士さん、アミノサイエンスだけでなく、食品分野も頼みます」と言われて本当に驚きました。なぜなら普段のIRでは、私は、食品事業に関する質問やコメントは、まったくされたことがなかったからです。

アナリストにとってはサプライズの新成長戦略の提示でしたし、同様の新たな戦略の提示を主力の食品事業にも期待していることは明らかでした。次の日の株価は、まだ単発ではありましたが反応して値上がりしました。

また、これは社内的にもインパクトがあり、XRはその後、定期的に行われるようになりました。このように、新たな成長の道筋を事業責任者の責任において提示するXRは、株価や企業価値を上げるのに非常に有効と言えます。

さらには、DXが開始されたときにも、西井社長がDXで目指す姿や味の素の構造変革について多くの方に理解してもらうため『DX DAY』(DX専用のXR)を設けて、集中的に味の素のDXをアピールしました。これによって、投資家、アナリストとの情報共有の幅が広がりました。また、西井社長の変革への本気度も着実に伝わるようになり、株価や時価総額が上昇トレンドに変化してきました。

このあたりが、株価のTippintg Pointであり、XRはその株価上昇への転換点をつくるのに非常に有効だったのです。

第七章

# すべてのボーダーを超えていけ

## 派閥や分派を乗り越える

現在、味の素の取締役会の議長を務めている岩田喜美枝氏が味の素の社外取締役に就任されるとき「味の素には、どんな派閥がありますか」と聞かれました。官僚出身で政治の世界に詳しく、民間企業の幹部役員や社外取締役を歴任してきた岩田取締役は、どんな組織にも派閥があること、そしてその功罪を知り尽くしていました。

味の素に派閥は存在しないということになっていましたが、私はなにもごまかす必要はないと考え、私の見方ではあるという前提で味の素の派閥を説明しました。そのころには、主力のサブカルチャーが政治的な力を持つ派閥に変身していたからです。

現在、私も多くの企業で顧問や社外取締役を務めており、岩田取締役と同様の質問をすることがありますが、「うちには、派閥はない」という答えがよく返ってきます。

しかし、それらの企業の経営やＤＸプロジェクト、企業変革の進め方をよく見ると、やはり多くの派閥やその分派が存在しています。そのため、部署や機能ごとに分かれた監督者が強い影響力を発揮してしまい、せっかくのＤＸや企業変革が全社のパフォーマンスにインパクトを与えられない活動にとどまってしまうのです。

**変革のリーダーは、このような目に見えない、表層上には決して表れることのないを派閥や分派の及ぼす影響を乗り越えて変革を実行しなければなりません。**ただし、この派閥や分派を乗り越えるということ自体、言うのは簡単ですが実行は実に難しいものです。

ズバリ言いますと、実行するには変革のリーダーの「政治生命」を懸けた覚悟が必要です。なぜなら、力のある派閥や分派は、その気になれば、変革のリーダーや社長に政治的に大きなプレッシャーをかけることができるからです。結果として、変革のリーダーはおろか、社長でさえも派閥にへつらってしまい、うわべだけの変革になるという残念なことになりかねません。

日本企業だけでなく外国企業にも派閥や分派は存在しますが、日本企業で厄介なのは、ＯＢや所属する業界までも巻き込んで派閥や分派を形成していることです。

ですから企業のＤＸや企業変革と言っても、変革のリーダーや社長自らが、ＯＢや業界ごと巻き込んで変革していかねばならず、必然的に覚悟のある政治生命を懸けた仕事とならざるをえないのです。

本書を読み進めた皆さんならおわかりの通り、味の素にも派閥があります。一番大きなところでは事務系と技術系の派閥です。歴代の社長は、すべて創業家か事務系であり、社長選任時には、一番勢いのある派閥から先代社長が次期社長を選ぶというのが伝統的な社長の選任法です。

一方の技術系は、技術分野別に分かれ、そのトップが副社長になるという慣習でした。歴代の社長と副社長は各々事務系、技術系トップとして、棲み分けの関係を保ってきました。

西井社長も、そのような派閥から選任された社長でありました。一方の私は、副社長就任タイミングで、OBや各派閥から反対意見が出され、就任を1期・2年見送った経緯があります。味の素で、副社長が空席だったのは、この2年間だけです。どちらかと言えば、私は味の素の伝統に似つかわしくない、よく言えば変革派、悪く言えば反逆児でした。

DXを始めたころにも、相当なヒール役や突っ込み役を演じて反発をくらったこともあります。ただ、私のいいところは、ほぼ全員がいいと感じていた、あるいは変えられないと諦めていた味の素の経営手法や経営の価値観そのものを疑ってみる感性であり、実際に変える勇気があったことです。

ＣＤＯとして西井社長とペアを組んで会社を変革するにあたり、私は味の素の持つ伝統的な派閥や分派の形成や人事制度、経営の意思決定などについて、西井社長と徹底的に意見交換をしました。

歴代の社長がしてきたこと、そのいい点、足りなかった点、そして、西井社長が残りの任期で成し遂げるべき点など議論しました。結果的には、西井社長とすべての面で合意でき、味の素ではじめて派閥を超えて志をともにする変革ペアを誕生させることができたのです。

なお、味の素は、２０２１年にそれまでの監査役会設置会社から指名委員会等設置会社に移行しました。

社長指名は、岩田喜美枝指名諮問委員長と名和高司指名委員長を経て、現在は中山譲治指名委員長に引き継がれています。全員が独立社外取締役であり、非常に公正な社長指名が行われています。

このように、**企業のガバナンスを変えることで、ある程度は派閥の影響をなくすことができます**。しかし、いまだに、ガバナンスの建て付けは立派でも、社外取締役をも巻き込んだ社内政治や人事闘争が引き起こされる事例もあります。**変革のリーダーたる社長やり**

**ーダーは、派閥を乗り越える覚悟が必要**ですし、そのペアである副社長（私の場合はＣＤＯでもありましたが）やサブリーダーは、リーダーの覚悟を支え、変革を実行し、結果を出す力量が必要なことには変わりありません。

## 変革の同志を集めて、伝統を乗り越える

西井社長とは、このように変革の方向性を共有化し、あらゆる困難をともに乗り越える覚悟を決めたのですが、ペアになった当初はＤＸについてはなんらの手当てもできていませんでした。ＤＸに対するヒト、モノ、カネの予算処置もゼロで、推進組織も人財もゼロからのスタートでした。

しかし、味の素の経営状態は時価総額1兆円を割るような状況です。ＤＸで短期の成果を出さなければ、現在の取締役全員が辞任すべきだという取締役会での非常に厳しい発言もあり、ごく短時間で成果をあげなければなりませんでした。

言うなれば、DX SUCCESS OR LEAVE（ＤＸで成果がなければ、去れ）でしょうか。

ここまで追いつめられると開き直るしかないのですが、私には、前述した通り自分のキ

ャリアをかけて磨きに磨いた7分割法がありました。

第1ステップで社長とともに、すべての派閥や分派を越えてやり切る覚悟を決めたわけですから、これで全体の15％は達成できました。

第2ステップは、いろいろ考えたのですが、最終的に変革の同志を集めることにしました。なぜ、DXそのものの取り組みにしなかったかという理由は明確でした。味の素の場合にはDXの賛同者がほぼゼロであったばかりか、DXがなんであるか、ほとんどの人間が理解すらしていなかったからです。

また、逆説的になりますが、私は最初から多くの人間がDXに理解を示し、賛同してもらえるようになるまで努力するのは無駄であると考えていました。というのも、**DXはあくまでも、変革の手段であるべきなのですが、DXを理解しようとすればするほどパラドックス的に目的と手段が逆転し、DXのやり方自体に総論賛成、各論反対の意見が錯綜し、肝心の変革が進まない予感がした**からです。

そこで、まずは味の素における変革の必要性にフォーカスし、業績がこんなに悪化したのはなぜなのか、そこから抜け出すにはなにをしなければならないのかについて、共通の認識を持つ人間の数を増やす、すなわち、**「変革の同志」を集めることからスタート**したのです。本書の前半では、まずは「1人の仲間」を見つけることの重要性を説きましたが、ここではその後、どうやって仲間を増やしたらいいのかお話ししたいと思います。

**変革の同志の集め方ですが、私は勉強会を開催**しました。用いたテキストは、『企業変革の教科書』（名和高司著・東洋経済新報社 2018年）などです。この本の帯には、「本気で変えたい覚悟のある経営者に捧ぐ」とあります。**変革の同志は、変革の志を心底理解し、命運をともにしなければなりません**。その意味で、信頼している人間、しかも全社に影響力のある人間を勉強会での意見交換を通して一人ひとり集めていきました。

そうは言っても、最初は普段からコミュニケーションをとっている信頼できる人物から声をかけていきました。私はアミノサイエンス事業本部の経験を持ち、社内では技術系と分類されている人間でしたので、最初は研究のトップである児島宏之専務執行役員を誘い、2人で勉強会を始めました。

技術系の人間やアミノサイエンス系の人間は、児島専務の努力で少しずつ増えていきました。児島専務は、のちに味の素のCIO（最高イノベーション責任者）に任命され、味の素のDXやイノベーションをけん引した変革の同志です。

その後、自分があまりコネクションのなかった食品系やコーポレート系、事務系の人物としては、当時、頭角を現し始めた、藤江太郎専務執行役員と現状の経営課題について、じっくりと話し合いました。その結果、考え方がピタリと合ったので勉強会に入ってもらいました。

藤江専務は専務に昇任後、CXO（最高トランスフォーメーション責任者）としてCDOである私やCIOである児島専務とともに、味の素のDXや企業変革をけん引し、西井社長の後任として、2022年度に取締役代表執行役社長に就任することになります。藤江専務の努力で、食品系やコーポレート系、事務系のキーパーソンが次々と勉強会に入ってきました。

勉強会への勧誘で感じたことは、**本気で味の素を変えたいと考えている人間が誰なのか、お誘いした時点で明確にわかる**ということでした。これは新鮮な驚きでした。

経営幹部たるもの、常に変革を続け、企業パフォーマンスを上げなければならないと『企業変革の教科書』には書いてあるのですが、残念ながら当時の味の素には、変革の必要性をまったく感じていない経営幹部も少なからず存在していました。悪気はないのでしょうが、そういう幹部に企業変革の教科書を手渡しても、勉強会に入ってくることはありませんでした。

こうして、最終的には約50人の変革の同志を集めることができました。全員が幹部クラスであり、味の素全体に影響を与えられるトップ人財の集団です。この50人の幹部の部下たちを含めると、味の素の半数以上の従業員を変革の同志とすることができる計算になりますので非常に心強く感じました。

『企業変革の教科書』などのテキスト数冊を全員が読み、そこから読み取った当時の味の素の課題と必要な変革の方向性について各自がレポートを書き、お互いにレポートを読み合いました。

技術分野については児島専務が担当しました。コーポレート系と事務系については、藤江専務が担当し、最後は私を含めた3人でまとめを行いました。

著者であり、社外取締役でもあった名和先生にコンサルテーションを受けた上で、内容を藤江専務から西井社長に説明しました。西井社長はその内容に大いに共感し、変革の方向性について確信が持てたとのことでした。

また、このプロセスを通じて、味の素の変革のリーダーシップ体制を確立することができました。社長を筆頭に、CDOやCIOそしてCXOが協働して、全社のDXやパーパス経営への変革をけん引するかたちです。

この変革の同志でまとめた、「味の素のここが特に課題である」という点について、主だったところを手を加えず当時のまま次に示します。多くの内容が、ほかの日本企業とも同じであることに気がつかれるのではないでしょうか。

**経営方針について**

・グローバルトップ10クラスの食品企業を目指してきたが、数量を拡大しても利益が伴っておらず、株価が下がっている

・CSV経営を懸命にやっているが、社会的課題の解決に対する味の素のコミットメントに関して、ステークホルダーの理解がなかなか得られていない

・二大事業本部である、食品とアミノサイエンスが融合できないでいる。人的交流も少なくまるで別会社のようである。企業としてみれば、コングロマリットディスカウントになっている

**中期計画に関して**

・一度も達成したことがない。達成できなかったことに対して、責任が不明確になっている

・PDCAサイクルが働かず、プランを繰り返すだけのPPPP状態になっている

・本社とグループ会社のパワーディスタンスがありすぎて、グループ会社は本社の言いなりの計画に修正せざるをえない。仕方なくできないとわかっている計画を出し、走りながら考えている

**経営人財に関して**

・特定の派閥出身者が多い
・技術系の比率が低い
・技術系と事務系のキャリアパスがはっきり分かれ、棲み分け過ぎている。これでは、健全な製造販売業の経営としてバランスが悪い
・ダイバーシティに欠ける。国籍、性別などの外見上のダイバーシティと、1人が多様な経験を持つという内面的なダイバーシティの両面の課題がある

**M&Aに対して**

・既存事業のトップライン拡大のための買収に終始している
・買収先を評価するヒト、買収するヒト、経営するヒトがバラバラ
・買収後の経営がうまくいかず、減損を繰り返している
・事業部のトップが買いたい案件のものを買っている。全社のポートフォリオとして適正かどうか判断基準がなく、そして、重要な相手方の無形資産の価値については、ほとんど考慮されない

**投資方針について**

・事業縦割りの積み上げ方式で、全社としての戦略投資枠が少ない

・設備投資、M&A、研究開発、マーケティングなど、本来一体となって戦略的投資をすべきであるが、担当部署任せになり全社戦略にもとづいた投資になっていない

**製造販売**

・工場部門の自動化が遅れて、老朽化も進んでいる。手作業も多く、パートや業務委託に頼った製造体制になっている

・製造販売計画が事業部担当者個人の仕事となっており、無駄やロスが発生している

・事業部門が強く、しかも事業部間調整はなされないため、工場部門は複数の事業部門からの要請の調整に追われている

・一部の事業で商品数が多すぎて、切り替え生産や販売在庫、プロモーションなどのコスト上昇に繫がっている

**間接コスト**

・ホワイトカラーの生産性が低い。一度つくった仕事や組織をなかなか廃止しないのが

その理由の一端

・競争分野と非競争分野の区別がついておらず、非競争領域にも必要以上の投資を行っている
・海外を含め、グループ会社の経営は出向者で行っており、結果として、ローテーションのための付加要員やコストがかさみ、プロパー社員が幹部登用されずやモチベーションが下がっている
・コンサルと高額な長期契約しているが、成果は小さく社内人財も育たない

**ITシステム、デジタルに関して**

・RPAでベンダーにロックインされて、不必要なコストを発生させている
・外づけシステムが多く、開発やオペレーション、メンテナンス費用がいずれも高い

**デジタルに関して**

・そもそもデジタルリテラシーが低い
・専門家が少なく経験者も非常に少ない
・DXのもたらす、自社の事業への危機や自分の仕事の消滅の危機に対して、無頓着な

ヒトが多い。自分たちには関係ない、守られていると勘違いしている

**事業運営に関して**

・事業縦割りが強く、ヒト、モノ、情報が事業部に固定されている

・事業ポートフォリオの組み換えが長期間なされていない

・事業予算の策定プロセスが実績ベースの積み上げ方式になっており、全社的に予算配分の濃淡がつけにくい

・ROAや成長率が低い事業、特にバルク事業を整理せずにそのまま残しており、企業全体の収益性を低下させている

**マーケティング、営業に関して**

・SKU（ストック キーピング ユニット：商品品目数の単位）ごとにマーケティング担当がおり、全社的で戦略的な運営がなされていない

・流通の変化に営業チームが対応しきれていない

・古い体質（食品業界全体に共通）の営業体制についていけない新人の離職率が高い

・広告やマーケティングもデジタル時代であるが、伝統的に広告代理店の活用、TV広

告に注力して、人員や予算を配分してきているため、なかなかデジタル時代に対応した人員、予算配分に修正できない
・製薬業界などは、専門知識を持った営業であるMR（メディカル リプリゼンタティブ：医薬情報担当）でさえ、AIに置き換えられて職を失っている。当社は医薬業界ではないが、相当の危機感をもって営業を改革すべし

**研究開発**

・研究所数が多く、研究テーマも重点化が遅れており研究成果の生産性が低い
・基礎研究や医薬研究など、味の素の現在のニーズからすでに離れてしまった研究員、研究所がそのまま残っている
・商品やサービスの開発スタイルがいわゆるウォーターフォール型で、開発期間が長期化している
・食品研究所とアミノサイエンス研究所の事業本部所属の二大研究所間になんらのシナジーもなく、コミュニケーションも少ないので、全社的な研究開発リソースが有効に活用されていない

**ガバナンス**

・監査役会設置会社であり、かつての経営企画や経理などの役員経験者が常勤監査役に就任し、結果として経営に対してガバナンスが効きづらい体質になっている
・指名委員会が存在せずに、社長指名は先代社長が実質的に選ぶことになるため、派閥や社長に対する忖度などが発生しやすく、適正なガバナンスが効きづらい
・役員人事権が新社長にはなく、前社長が数年間は保持する慣例が存在するため、新社長は新経営体制を自分の意志で決定できない。これは、常に変革が必要とされる現代の経営にとって、大きなガバナンス上の問題になっている

いかがでしょうか。

今から思えば、よくこれだけ強烈な変革の提案を忖度もせずに、変革の同志50人でまとめ、社長と実行できたものだと自分でも感心します。

多くの企業で、これらの内容を感じる人が存在していたとしても、その多くは同調圧力に屈したり、無言のプレッシャーを感じたりして、なかなか言い出せないでいます。

現在の私の社外での顧問や社外取締役としての活動は、この味の素で経験した企業変革のリアリティを真摯にお伝えすることだと考えています。

## 戦略と実行部隊を編成し、文化を乗り越える

先ほど紹介した味の素の変革の同志がまとめた課題を解析すると、これまでの味の素の経営の特徴が鮮明に浮かび上がってきました。

一言で表すと、「分派経営」です。日々のオペレーションが、分派経営によって、個別最適化されてしまい、結果として経営全体に悪影響を与えているという結論でした。簡単にまとめると、次の通りです。

・事業縦軸も機能横軸もそれぞれ担当部署や担当責任者がいて、その部署や担当者が強大な権力を持ち、運営を任されている。しかし、目的が全社戦略よりも自己組織の責任遂行や実行にフォーカスされているため、全社最適にならず、部分最適の経営になっている。ガバナンス体制も弱く、この部分最適を修正できていない

・分派経営は、日本が潤っていた高度成長時代には適合する方法であるが、経営環境が激変している今日では、生産性の向上や利益創出や企業成長のネックになっている

**分派した組織は、それぞれが固有の「島国カルチャー」を形成**します。したがって、変革の同志のまとめから、あらためて浮かび上がってきた分派経営の課題解決には、事業や機能のテクニカルな各論の変革と同時に、全社の組織風土、カルチャーの変革が必要であることが明らかになりました。

ただし、組織風土やカルチャーを変えるには、変えなければならない理由が必要です。なぜならば、古い組織風土や、カルチャーの背景には、過去の成功体験とそれに付随する個人や組織のプライドがあるわけで、それを「変えろ」の一言で、すべて変えられるわけではないからです。

味の素の場合だと、たとえば、「それは分派経営だ。派閥主義だ。よくない」や「それは古いやり方だ。変えろ」などと発言しても、それこそ面従腹背《めんじゅうふくはい》で、まったく変えようとしませんし、変わりませんでした。

「すべて変えろと言うが、変えていいものと変えてはいけないものがある」「反省しろと言うが、本当に反省すべき人間が反省していない」などと、逆に批判されてしまうこともたびたびありました。

実は、そんな「変えろ、変われ」という命令よりも、**なんのために変わるのかという「大**

**義」を示すほうが圧倒的に効果的**です。また、大義を掲げるのは、やはり社長やリーダーでなければなりません。

なぜなら、社員やメンバーは、そういった場合、大義のみならず社長の変革の覚悟をも読み取ろうとするからです。

すなわち、**変革には「変革の大義」と、大義を掲げる「トップの覚悟」の両方が必要**で、それらに賛同した個人や組織は、上から命令されなくても自らの考え方を変えていき、結果として組織風土とカルチャーも変わっていくのです。

これは味の素のみならず、日本企業にもグローバル企業にも共通した変革課題です。味の素では、DXをレバレッジとした企業変革やパーパス経営の推進のために、**変革の大義として、「MTP(Massive Transformative Purpose)」**(次ページ図)を設定しました。

MTPは、企業変革のゴールを示すと同時に、変革の方向性を定める、すなわち、「戦略そのもの」を表す必要があります。要するにMTPは、「パーパス」そのものでいいのです。味の素では、何度も役員研修で熱い議論を重ね、「食と健康の課題解決企業」をパーパスと定め、これがそのまま味の素のMTPにもなりました。

振り返れば、この「食と健康の課題解決」というパーパスにたどり着くまで、西井社長の就任以来、4年の月日が流れました。CSV経営を経て、種々の議論と実践を通じて、磨

**味の素が掲げた「変革の大義」**

Massive Transformative Purpose

**食と健康の課題解決起業**

**Eat Well, Live Well.**

**ASV(Ajinomoto Shared Value)**

「うま味」の発見を創業の礎としている味の素グループは、アミノ酸の研究で世界的なリーダーシップを発揮し、**世界各地域の文化に根差したビジネスを展開しています。**

これからも味の素グループならではの独自技術を磨き、事業を通じて、**21世紀の人類社会の食と健康の課題解決に貢献していきます。**

きに磨き上げた表現です。

別の意味では、就任当初から、目指していた、ＡＳＶ（味の素グループのオリジナルＣＳＶ）が完成したと言えます。

こうして決めた変革の戦略であるパーパスとＡＳＶ経営が、どう企業利益に繋がるのか、各論はすでに示しましたが、ここでは、ＡＳＶ、ＤＸ、ＲＯＩＣ、ＰＢＲの関係について、相関を図で示しました（次ページ図）。

この図は新体制になってから制作された資料に一部付け加えたものです。目標数値は、２０２２年をベースにさらに２０３０年に向けて向上を目指しています。

戦略はこうして決定されたので、次は、実行する組織のデザインに入りました。Ｄ

味の素の取り組みの相関図

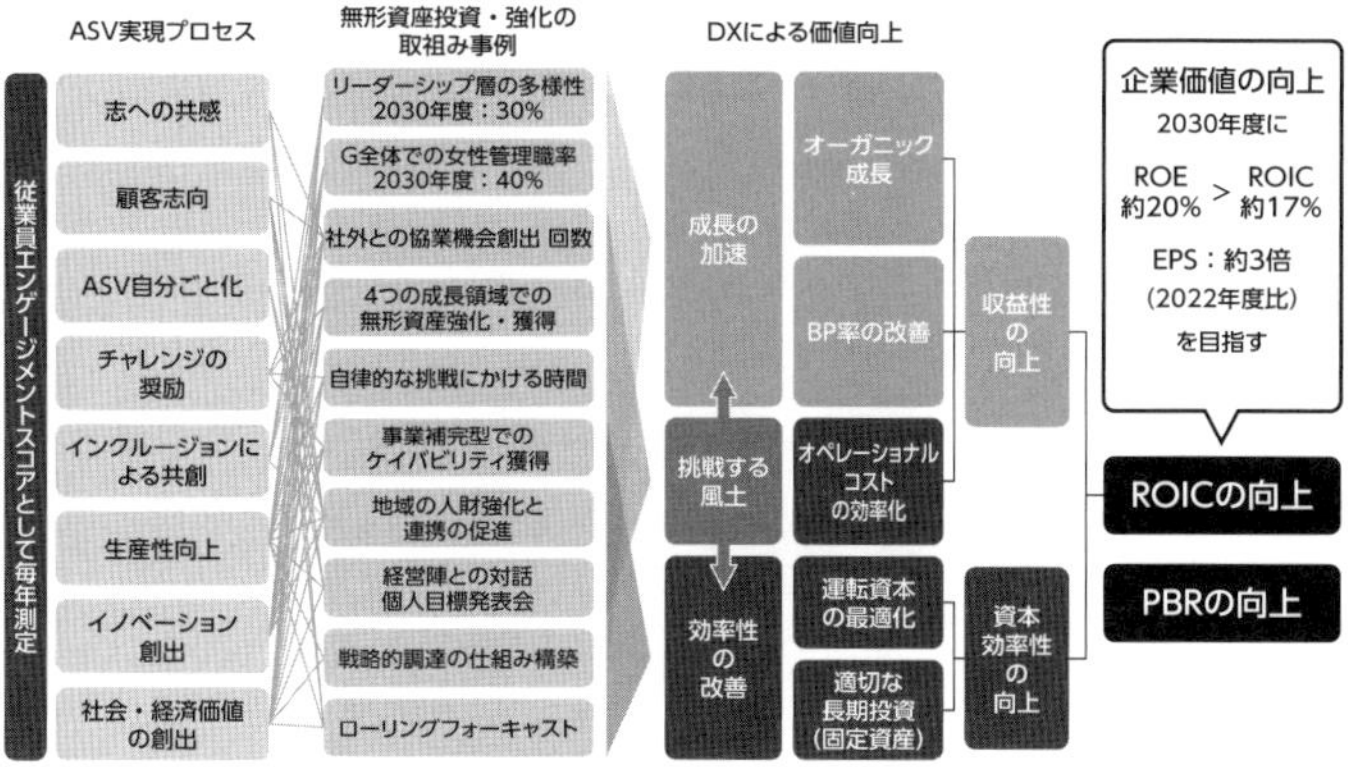


出所：味の素株式会社発表資料

無形資産と財務価値の繋がりを意識しながら、効率性向上を図りながらも特に成長への加速のための投資を強化することで、2030年度にはROIC約17%、ESP約3倍（2022年度比）を目指す

Xは、デジタルの特性を活かすために、**企業共通の横軸機能の強化を行うことが一番効果的**です。

しかし、分派経営で縦軸も横軸も分派されている味の素において、どう分派を共通軸で串刺しにして、活動を有効なものにするか工夫を重ねました。

結果、共通機能として、マーケティング、R&D、データインテグレーション、SCM、DX人財の5つの小委員会を設置し、それぞれの小委員会は、事業縦軸と機能横軸およびデジタル推進人財の混成チームとしました（次ページ図）。

混成チームにした理由は、DX人財と事業縦軸や機能横軸の人財がバラバラになるのを避け、種々のすり合わせ調整を小委員

## デジタルの強みを活かすために採用した組織構造

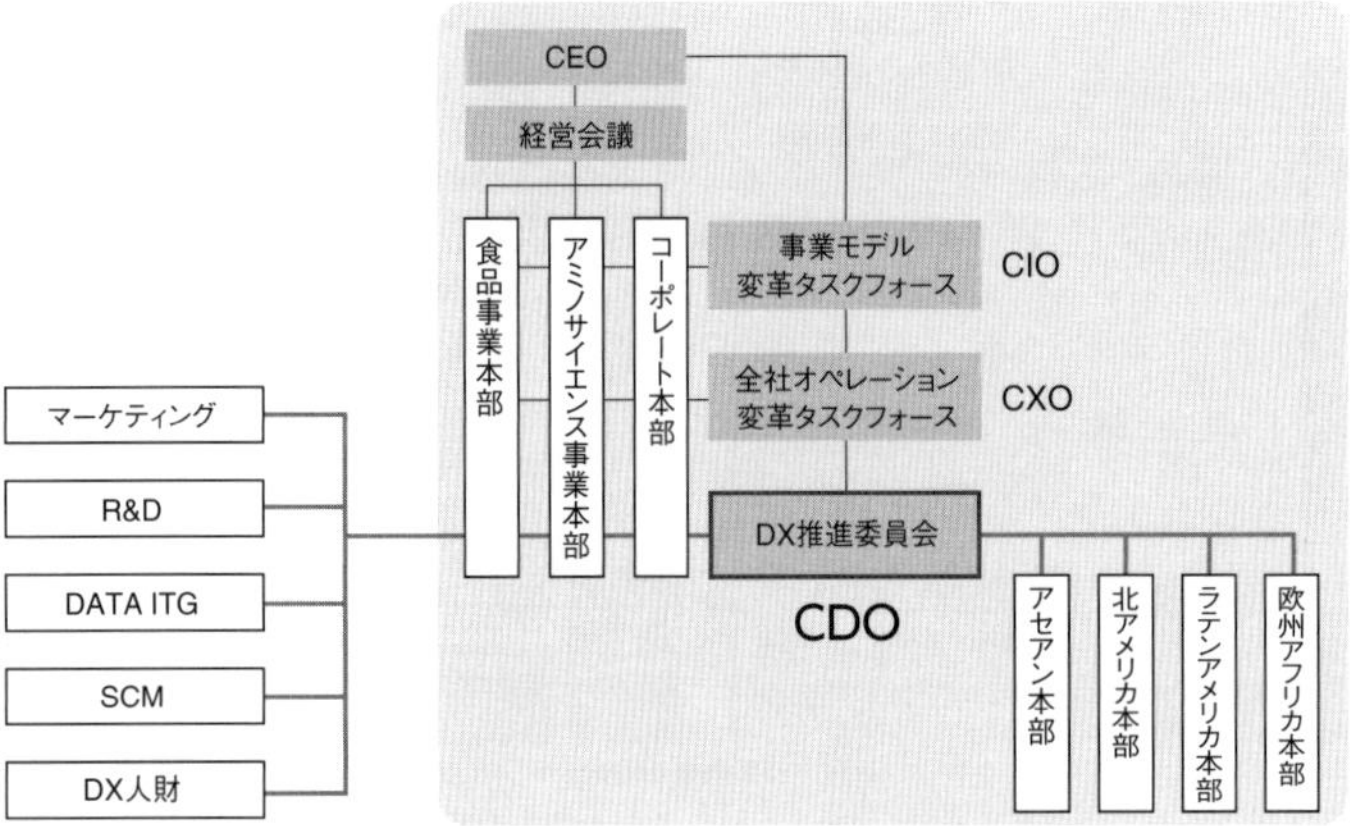


縦軸・機能軸・デジタル推進人財の混成チーム

会で行うためです。また、児島CIOには、R&Dチームのリーダーを兼務してもらい、後半には、2050年からバックキャストした事業モデル変革タスクフォースのリーダーになってもらいました。

加えて、藤江CXOには、コーポレートチームのリーダーを兼務してもらい、後半は全社オペレーション変革タスクフォースと企業文化変革の実行リーダーになってもらいました。

こうすることで、CDO、CIO、CXOの動きが一体化し、変革の現場が混乱しなくて済むようになりました。

また、味の素はグローバルビジネスを拡大しているので、東京のDX推進本部以外に北アメリカ、ラテンアメリカ、アセアン、欧州アフリカのそれぞれの本部にも地域ＤＸ本部を立ち上げ、直接コミュニケーションや情報交換ができるようにしました。こうすることで、事業縦軸、機能横軸それぞれがバラバラにＤＸを推進する手間と時間が省き、全体として非常に効率的に運営できる体制になるからです。

ＤＸ推進体制を立ち上げた時期は、ちょうどコロナ禍の時期と重なりますが、グローバルなＤＸ推進は、対面の機会が取りづらいことに加え、最初からコミュニケーションを英語ベースですることに決めていたので、コロナ禍に関係なくリモート会議が主体です。一度の参加者が、現地法人のナショナルスタッフを中心に１００~３００人参加する大規模なものとなり、大いに盛り上がるだけでなく、成果を出すことができました。

最初は、東京のＤＸ本部と地域法人ごとのコミュニケーションが主体でしたが、活動が盛り上がり出すと、地域本部同士、あるいは、東京の事業縦軸や機能横軸の担当と地域法人が直接コミュニケーションを取るようになりました。無理もないことです。

なぜなら、ことＤＸに関しては、一般的に北米や南米、欧州のほうが日本より進んでいますし、プレゼンテーションする能力の高い人財も多くいます。また、回数を重ねるごとにアセアン本部の実力も急速に向上していきました。今ではＤＸの進捗も、日本より海外地域本部のほうが進捗が早いくらいです。

いずれにせよ、こうしてＤＸお互いが刺激し合う活動になっていきました。

## 社内の壁を乗り越える

ＤＸのテクニカルな側面での準備は整いましたが、結局のところ経営はヒト、モノ、カネと言われます。ＩＴブーム以来、これに情報が加わり、最近ではデータやデジタルを入れなければなりません。

しかし、ほとんどの伝統企業は、いまだに、経営はヒト、モノ、カネだけで動いており、これに情報が入る企業は、日本ではまだ進んでいるほうです。また、第六章で述べたように、多くの日本企業のヒト、モノ、カネ、そして情報は閉じたかたちになっています。

味の素も例外ではありませんでした。したがって、ＤＸをいきなり始めると言っても、ヒト、モノ、カネ、そして情報の閉じた考え方を整理し、少しずつオープンなかたちに変えていく必要がありました。

しかし、伝統企業のヒト、モノ、カネ、情報に対する考え方を変えるのは容易なことではありません。その意味で用意周到な準備が必要です。

さらに言えば、企業の収益性、ROIC、PBR、株価などに最も大きく影響する事業ポートフォリオの変更は、ヒト、モノ、カネ、情報すべてが複雑にからみ、なかなか変えられない閉じた構造の集積体になっていました。味の素のケースでは、正直に言えば、これらの最低限の準備しかできないままに、DXの全社展開に突入せざるをえない状況でした。しかし、これからDXを始める企業にとって、参考になると思われるヒト、モノ、カネ、情報、そして事業ポートフォリオマネジメントについて、それぞれ次にまとめました。

### ◉——オープンな人事制度がカギ——ヒトを変える

伝統企業はそれぞれに適した人事諸制度を発展させています。味の素は、食品やバイオテクノロジーを基盤とした技術を応用した商品の製造販売で成長してきました。加えて、海外展開を含めたグループ会社数を増やしてきましたので、それに適合した人事諸制度を整えてきた歴史があります。40年以上継続された、もともとの人事制度の特徴について2つ述べます。

特徴の1つめは、前述の通り事務系と技術系が完全に分離されたキャリアパスを形成してきたことです。文系の学生は、全員営業に配属され基本的に定年まで事務系としてのキャリアを磨き、理系の学生は、全員研究所に配属され基本的に定年まで技術系としてのキャリアを磨く、背番号制とも言える独特の制度でした。

2つめは、海外を含めたグループ会社のマネジメントです。グループ会社の経営幹部は本社からの出向者で繋ぎます。現地法人のプロパーから経営幹部を出すことは非常にまれでした。

ここまで記述すると、「自分の会社と似ている」と考えられる方も多いかもしれません。人事制度が閉じているのです。

この閉じた人事制度は、安定した成長環境では大変効果的でしたが、経営環境が変わり、人財に多様なスキルが求められる時代や経営幹部に多様性が求められる時代には不向きな制度です。

また、グループ会社を出向者のローテーションでマネジメントすると、設立の初期は非常にスムーズにいきますが、継続するとなると、交代要員を育成してどこかの部署でプールしておかねばならず、付加要員が増え、最終的には間接コストが膨らみます。

グループ会社のプロパー社員、特に経営幹部が育たずに新たな出向者がキャリアパスとして赴任してくるので、総合的なグループ会社の経営力がいつまでも高まりません。

伝統企業で、こういった問題は放置されがちです。なぜならば、人事担当者も事業サイドもこの伝統を利用するほうが、変化にチャレンジするよりもはるかに楽であり、自身のキャリアに余計なリスクを負うことがないからです。ある意味、こうやって日本企業の閉じた人事制度や運用が形成されてきたのかもしれません。

当時は、経営企画部を中心に、間接コストの対売上1％削減のプロジェクトが進められていました。しかし、ほとんど進捗が見られない一方で、東南アジアを中心にして海外グループ会社への出向者数はどんどん増えていきました。

そんななかで味の素のパフォーマンスも低下しだしたので、私は西井社長に直接、考えていたことをお伝えしました。伝統的な事務系と技術系の背番号制の撤廃、そして、グループ会社への出向者の削減を提案したのです。

西井社長は人事部長経験者であり、社内でも人事系とみなされていたので、忖度によって、それまでは、誰もこのような人事の伝統を覆すようなことを提案したことがありませんでした。

また、西井社長としても、これまでの伝統を一気に覆すのは、勇気のいる決断です。しかし、西井社長は提案したその瞬間に「これでいきましょう」と快諾してくれたのです。

早速、余剰感のある海外出向者から削減指示が出され、国内グループ会社へと人事担当者が展開していきました。同時に、事務系と技術系の背番号制も撤廃され、新入社員の営業所や研究所への全員配属も修正されていきました。

のちに早期退職制度を手厚くして、100名程度の退職を募集したところ、予定数以上の退職希望者が集まり、それぞれの転職先で活躍するようになりました。少し不安もありましたが、その前後で退職者にアンケートを取ったところ、85％の人がその結果に満足しているという答えが得られ、心配は杞憂に終わりました。社内に埋もれていた人財が社外で活躍できる、よりオープンな人事諸制度のかたちが見えはじめたのです。

**日本企業が目指すべき人事制度は、よりオープンな人事制度**です。これがないと、DXをはじめとする変革は進みません。DXスタート時、必要なヒトはすべて既存の組織に張りついています。これをDX側へ異動させなければ、何事も始まらないのです。

また、外部から優秀な能力をもった人間をフレキシブルに登用しなければ、仕事が進みません。しかし、それを難しくしているのが、閉じた人事制度であることをおわかりいただけたかと思います。

私は、すでに副社長・CDOでしたが、これを機に、現役でありながら、他社の顧問や社外取締役を副業として開始しました。オープンな人事のロールモデルとなりたかったのです。

## ◉——ワンチームで取り組む——モノ・カネ

ヒトと同様に難しいのがモノ・カネです。企業はどこでもそうですが、ヒト、モノ、カネは既存組織に張りついています。

評価の仕組みも同様です。モノ・カネにまつわるDXの予算も最初はゼロでした。ですから、予算を取締役会に説明しなければならないときは、これまでに準備してきたDXプロジェクトを既存と新規に仕分け整理をして、中期計画6年分の投入予算と成果期待（INとOUT）にまとめました。これが膨大な作業となりました。

最終的に3年間のDX予算は約250億円と試算し、3年目でINとOUTがイーブンになり、3年目からは利益を創出する計画として取締役会での承認を受けました。

取締役会では、「どのくらいたしかなのか」という質問があり、必ずやり遂げますとしか答えられませんでした。成功確率はゼロではありませんが、これまでやったことのないプロジェクトの精緻な成功確率を聞くのは、私に言わせればナンセンスです。

実行するほうは、「必ずやります」としか答えられません。むしろ、「DXが成功しないと、取締役全員辞任」と覚悟を求められたほうがましです。

2年目からは、DXプロジェクトの事業部とDX本部の仕分けをやめました。全社でワンチームにならないとパーパスは達成できない、というのが理由です。この手の仕分けが得意であったコーポレート部門からは異論が出ましたが、経営会議で決着させました。

私の知る限り、DXを始める際に、このような予算配分や仕分けは、必ずどこの企業でも問題になります。できれば最初からワンチームの考え方で、覚悟を持って実行したいものです。それには承認する側も覚悟が必要です。中途半端なコミットメントでは、DXは成功しません。

### ●——やめる勇気を持つ——情報

味の素のIT部門は、DXを始めるまでは経営企画の傘下でありました。DXが始まってからは、最終的にIT部門とDX推進部を合併し、独立部門としたのですが、実は大きな問題を抱えていました。

当時、ERPの更新時期だったのですが、もともとIT部門は、要員のほとんどを野村総合研究所とのジョイントベンチャーであるNRIシステムテクノに移していました。

また、経営レベルにIT出身がおらず、ITのトップはITの専門知識に関係なく、役員の処遇ポストになっていました。

結果として、大型のERPの更新プロジェクトもベンダーとNRIシステムテクノに丸投げの状況でした。まさに、ベンダーロックイン状態に味の素のIT部門は成り下がっていたのです。

この話をDX事務局から聞いたときにはすでに手遅れで、結果的には取締役会で問題になるほどの巨額の予算オーバーと納期遅れを覚悟しなければならない状況でした。

かねてより、「はたして、味の素に現在の大型ERPが適切なのか、もっと手軽なシステムがないのか」と、悩んでいた私は、懇意にしているCDO Club Japanの何人かに、大型ERPの長所短所について、ヒアリングしてみました。非常に明快な理由と思えたものを次に紹介します。

**大型ERPについてのヒアリングでわかったこと**

大型ERPは、一般的な日本企業にはうまく適合しないケースがあります。特に、グローバル標準の大型ERPは、向いていないことが非常に多いです。

なぜなら、それらの大型ERPはITの標準機として、欧米のような人財の流動性の高いマーケット向けの仕様となっているからです。わかりやすく言うと、担当者が転職・異動することを前提に、誰もが使いやすいようにシンプルなシステムにすることが基本となっています。そのため、ＥＲＰは企業にとって非競争領域と位置づけられます。

これに対して、日本企業は事業深掘り型にＥＲＰを改良して、社内の近い領域にしか異動しない人間が、使いやすいように外付け機能を付加して使うのが一般的です。

そういった場合には、外付け機能が非常に多くなり、開発から導入、そしてメンテナンスに至るまで、とても高いコストになってしまいます。

それでも、それだけ特殊機能を付加したＥＲＰが企業の競争力要因になり、企業成長に寄与すればよいのですが、残念ながら、そうなってはいないというのが日本企業には多いケースです。

その後、味の素ではＤＸが全社展開し、ＩＴ部門はＤＸ推進委員会スタッフと合体し、ＤＸ推進部として独立させました。そのときに、トップとしてアサインしたのが、のちに、私の後任となる香田隆之現執行役専務兼ＣＤＯです。

香田ＣＤＯになってから、味の素のＥＲＰの更新計画をあらためて見直しました。ＥＲＰの更新は準備からカウントすると3年程度要する長納期プロジェクトですし、予算も大きいプロジェクトです。しかし、見直し可能なものはすべて見直し、もっとシステムが軽く、外づけなどに適したＥＲＰに変更するように計画を修正しました。

同じ大型のＥＲＰでも外付けするとしないとでは、数倍のコスト差になることがあります。また、一千億円程度の売上規模である味の素のアメリカの事業会社で、見積もりを取ったところ、大型ＥＲＰの見積もりに対して、驚くべきことに一桁安いハンディなＥＲＰがあることがわかりました。

少なくとも、サイズの小さな味の素の関連会社には、こちらのほうが適していました。

２０２５年の崖が、経済産業省やＩＴ業界では数年前から問題になっていますが、これはレガシーシステムの更新問題のことで、大型ＥＲＰのような標準機のことではありません。自社に適合するように開発されたオリジナル基幹システム導入のことです。

レガシーシステムの更新が２０２５年の崖と呼ばれるゆえんは２つあります。１つめはオリジナルの基幹システムを開発納入してくれるベンダーの撤退が進んでいること、２つめは、自社内のレガシーシステム設計に携わった人間が定年で少なくなってきていることなのです。

それでも、やはりＥＲＰ標準機を導入するよりは、使い勝手もコストパフォーマンスもいいという視点で、レガシーの更新にチャレンジする企業が多いです。私もそういった企業の顧問や社外取締役としてアドバイスする機会がありますが、まずは、ＥＲＰといっても大型のものからハンディなものまで、いろいろな種類が出てきたことを説明します。

それでも、**レガシーにこだわるのであれば、その次に扱うデータ数と種類の断捨離を行うこと**を勧めています。

なぜならば、**日本企業は一度始めたことをなかなかやめられず、またデータを自分たちの事業の深掘りに適したかたちに加工する傾向があります。**そのため、断捨離をしないと、市販のＥＲＰやレガシーシステムの区別なく、経年によってシステムで取り扱うデータの数と種類は指数関数的に増える一方であり、更新コストやメンテナンン費用もそれに応じて、天井知らずに上がっていきます。

先日、ある企業でレガシーシステムの更新を決めたが、詳しく調査したところ、外付けシステムが７００種類もあることがわかり、コスト的にも納期的にも現状の予算では到底達成できないという報告がありました。しばし議論になりましたが、平行線をたどるばかりでした。そこで思わず、私が手を挙げて、その問題は社長にしか解決できないと発言させていただきました。

加えて、モニターやレポートしなければならないデータの数や種類を必要な階層別に分類した上で、最終的には社長に、「いらないデータを決めてください」とお願いするようアドバイスしました。社長は、権利関係が錯綜する社内案件について、必要不必要の最終判断者でなければならないのです。ここでいう錯綜とは、ヒト、モノ、カネそして情報のことです。

### ◉──変革と連動させる──ポートフォリオ

味の素の事業本部長は、さらに上のレベルである役員への登竜門であり、通常は長くても2期4年で次のポジションに移ります、アミノサイエンスの過去の本部長を調べましたが、最大任期は3年で、私はその2倍の6年間務めました。それほど、事業ポートフォリオの変革は厄介で時間を要するものです。

**ポートフォリオのマネジメントが厄介な理由は、そこに、すべての経営リソースが複雑に絡み、しかも、それぞれが閉じたシステムになっているから**です。

一方で、欧米などのオープンなシステムを持っている企業は、明解なルールのもと、自在にこの事業ポートフォリオをマネジメントできます。DXの影響で、産業の川上と川下シフトが進み、成長セグメントが渦となって産業の構造自体が急速に変化している現在、日本企業のみが閉じた構造を維持して固定のポジションを保てるわけがありません。

産業構造が変わる前に企業内の事業ポートフォリオを速やかに変えていくべきでしょう。今こそ、日本企業は、閉じたシステムをよりオープンなかたちにシフトしなければならないのです。

味の素では、ヒト、モノ、カネ、情報について、準備をしていたので、時機到来と判断し、DXポリシーに事業ポートフォリオマネジメントの考え方をしっかりと記述しました。日本企業では、比較的めずらしいケースかと思います。私の見ている多くの企業では、まだまだ、DXとポートフォリオマネジメントは分断しています。

次ページに図で示したように、作成したポートフォリオマネジメントの基準は、ROAと成長率のマトリックスで、重点事業、問題事業、改善事業、育成事業の4種類に分けた非常にシンプルで標準的なものです。

しかし、ここまで準備しても、当時の執行最高意思決定機関である経営会議では、意思決定ができず、当時、取締役を兼務していた西井社長や栃尾雅也専務、そして副社長である私の3人で、ポートフォリオマネジメントチームを結成し、事実上の執行サイドの意思決定を行いました。

そのときの基準になったのが、DXマネジメントポリシーに織り込んだ前出の判断基準でした。詳しくは次ページ通りです。

**ポートフォリオマネジメントの4の象限**

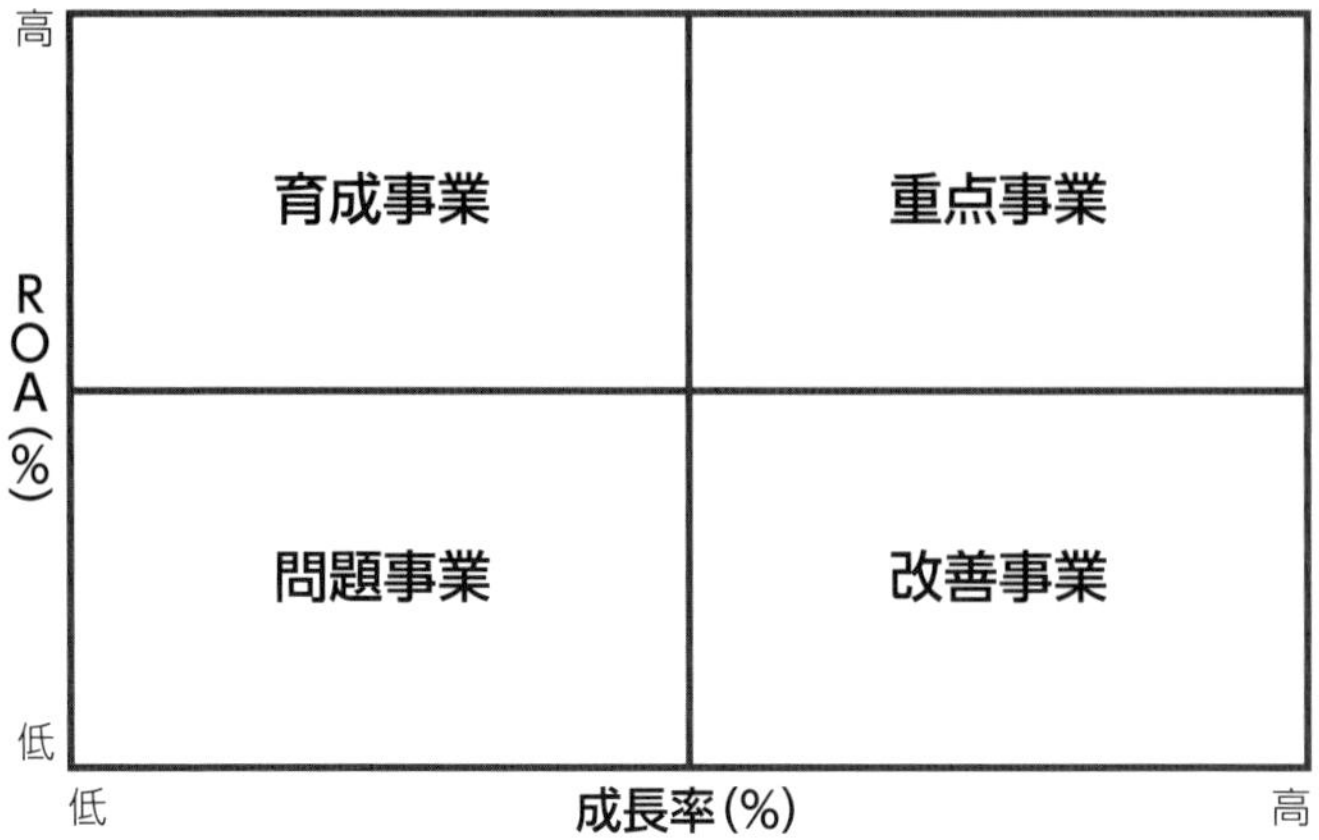


ROAと成長率のマトリックスで4象限に分けて管理

・重点事業領域の比率を高めることとＭ＆Ａの反省からオーガニックの成長率をＤＸのＫＰＩとし、問題事業に対しては、縮小あるいは売却か撤退を徹底しました。

・育成事業領域は、高い利益率ですが、成長しきれていない領域です。成長を加速するために商品価値を顧客と共創し、顧客の課題を解決するマーケティング施策であるＳＡＶＥマーケティング（第五章参照）を考えるべき領域です。

・改善事業領域は成長領域ですので、他社との競争が激しく適正な利益が得られにくい領域です。量と値段の駆け引きではなく、イノベーションで商品バリューを上げ、他社の追従を許さないスペシャルティ4・0（第六章参照）を考えるべき領域です。

ポートフォリオマネジメントは、味の素のPBR向上の主要政策であるアセットライト（企業の保有する資産を軽くする）の実行および、みさき投資から提案のあった、ROICマネジメントの双方に貢献し、株価回復及び、PBR、時価総額などの向上に大きなインパクトを残したのは言うまでもありません。

## 変革のプロセスをマネージする「DXn・0モデル」

DXの変革のプロセスは、名和先生のDXn・0モデルを採用しました。初心者がオリジナルの変革プロセスを設定するのは10年早いと考えたからです。

味の素の変革のステップは、0から5まで5段階あるのが特徴で、基礎となるのが導入当時にすでに5年程度やり込んでいた働き方改革です。味の素は、就業時間1800時間を切ったことで有名になりましたし、従業員も人事部もこの活動にプライドを持っていました。

DXを全社的に展開するにあたり、担当専務と今後どうするか話し合いました。DXのスムーズな導入のためにも、しばし、働き方改革とDXは共存させてくれという要請がありました。

私はこの考えを受け入れた上で、カウンターの提案を行いました。**働き方改革は、主に個人の働く時間や場所のフレキシビリティを高める活動ですが、DXは個人ではなく会社組織の生産性を高める活動**であり、主旨が違うと考えたからです。

働き方改革を当面残すことには同意でしたが、DXのステップ0・0、すなわち、全社の生産性を上げる準備段階として、個人の働き方の改革という位置づけにしてほしいと要請し、快諾されました。これにより、味の素流にマイナーチェンジした、DXn・0モデルが違和感なく、全社投入されることになりました（次ページ図）。

DX1・0は、基本となるOE（オペレーショナル・エクセレンス）です。

味の素のOEは、それぞれの事業所が世界一のパフォーマンスを実現できるように、オペレーションのレベルを上げる活動です。

味の素のアミノサイエンス事業本部では、全社に先駆けて、製造はもちろんのこと、事業部、営業、研究、品質管理などすべての部署でグローバル導入をして成果を上げてきた

## 味の素グループ共通の変革ステップ「Dxn.0モデル」

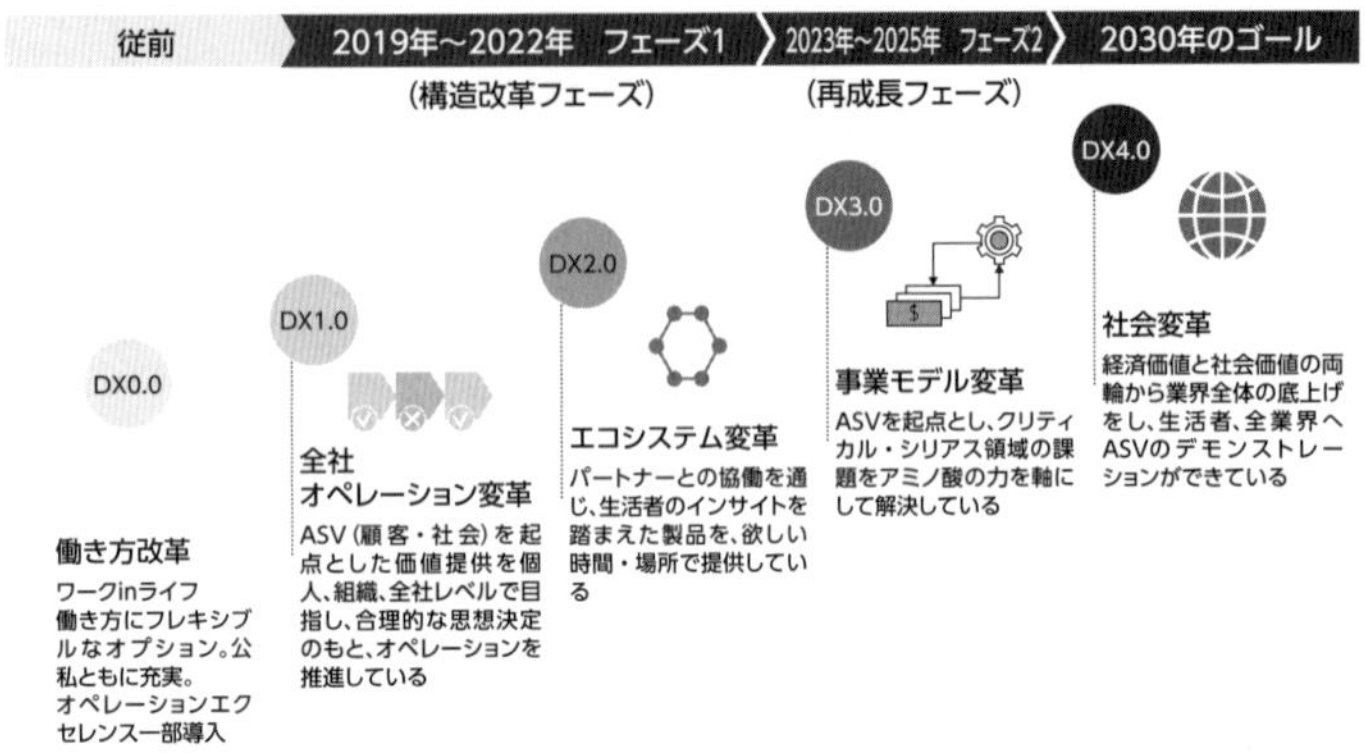


一橋大学ビジネススクール客員教授・味の素社外取締役 名和高司提唱フレームワークをもとに著者作成

活動でもあります。

みさき投資から、『みさきの黄金比®』を紹介され、投資家の望む成長は、WACCを上回るROAやROICの実現であるというヒントをいただいたので、全社にROICツリーの展開を行い、それぞれの職場で、このROICの目標を達成することを1つの共通KPIとしました。

これによって、異なる事業分野や機能分野に所属する組織と職場が全社共通のKPIに従ってOE活動を展開できるようになりました。このKPIの達成のためには、デジタルツールを導入するだけでなく、個人や組織の働き方そのものを変えていく必要があることは言うまでもありません。

DX2・0は、1・0で向上したオペレー

ション力と蓄積されたデータをもとに他社や他業界と共同でエコシステムを構築し、ASV（味の素オリジナルのCSV）の価値拡大に寄与する活動です。ポイントはエコシステムを組み、強者連合をいかに構築するかです。弱者がいると、エコシステムがあっという間に崩壊してしまいます。他社選択する前に、他社から選択される「当社ならでは」の優れた技術やビジネスを磨くことを常に忘れてはいけません。

DX3・0は、新ビジネスモデルの確立です。DXですから産業のスマイルカーブを考えると自社の既存ビジネスの川上あるいは、川下にシフトした新ビジネスモデルの構築が望まれます。もちろん、デジタルの特性を活かした、迅速性、汎用性、相乗効果が活かせるビジネスモデルほど優れていると言えます、

DX4・0は、すべてをひっくるめた、パーパスの実現ステージです。DXで生み出した新なビジネスモデルを社会実装する段階です。

## DXでビジネスサイクルを可視化する

### ビジネス人財、ITシステム開発者、そしてデータサイエンティストの3種類が社内デ

### 味の素がDXマネジメントポリシーで定めた人財育成計画

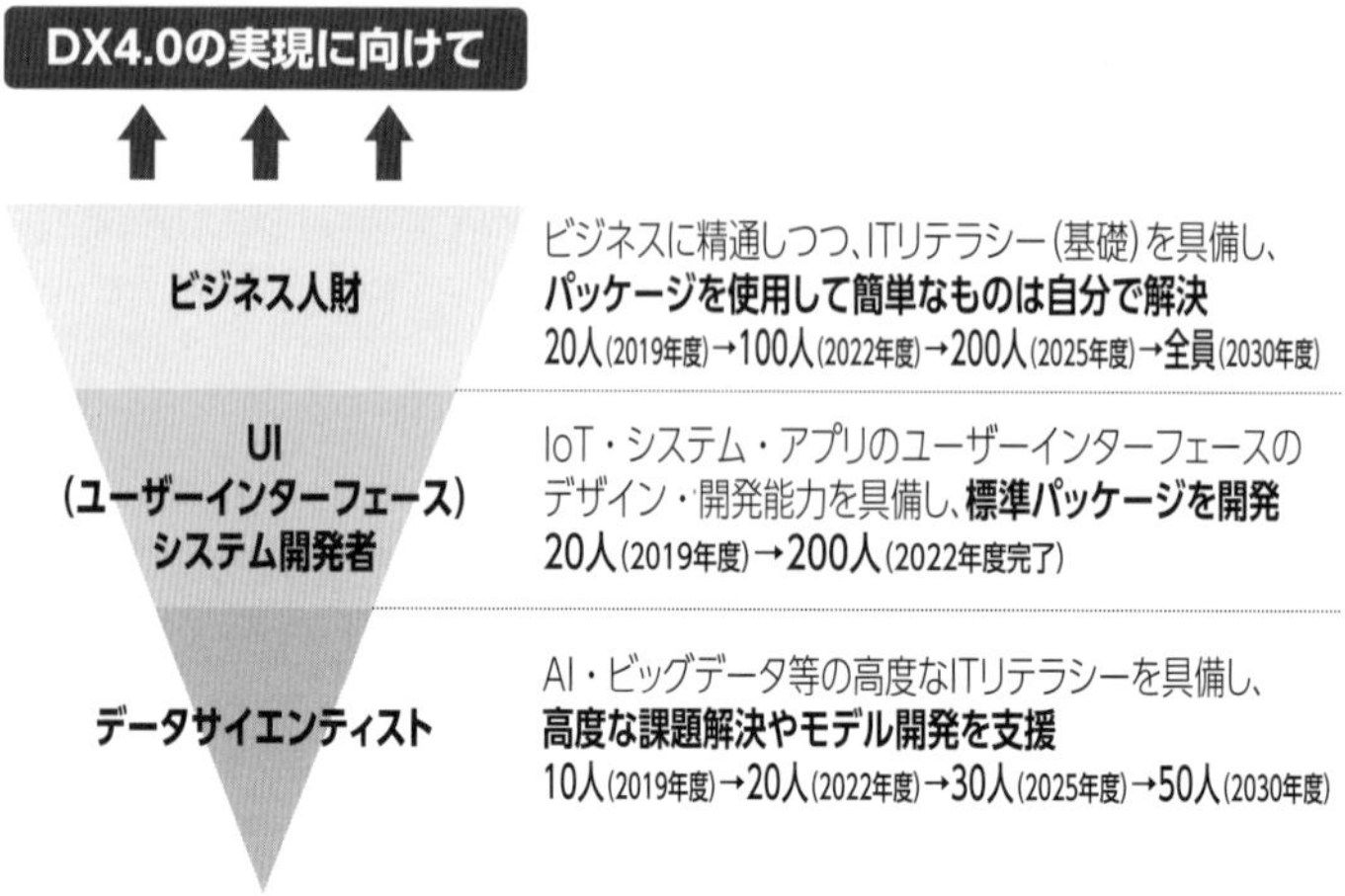

**DX4.0の実現に向けて**

| | |
|---|---|
| **ビジネス人財** | ビジネスに精通しつつ、ITリテラシー（基礎）を具備し、**パッケージを使用して簡単なものは自分で解決**<br>20人（2019年度）→100人（2022年度）→200人（2025年度）→全員（2030年度） |
| **UI**<br>**（ユーザーインターフェース）**<br>**システム開発者** | IoT・システム・アプリのユーザーインターフェースの<br>デザイン・開発能力を具備し、**標準パッケージを開発**<br>20人（2019年度）→200人（2022年度完了） |
| **データサイエンティスト** | AI・ビッグデータ等の高度なITリテラシーを具備し、<br>**高度な課題解決やモデル開発を支援**<br>10人（2019年度）→20人（2022年度）→30人（2025年度）→50人（2030年度） |

**ジタル人財として必要**です。ビジネス人財でデジタルリテラシーのある人財が一番多く必要で、次に、ITシステム開発者、最後にデータサイエンティストの順になります。

味の素では、DXマネジメントポリシーに、上図のように、人財育成計画を定め、予算措置を経て着実に社内デジタル人財を育成が進んでいます。

当初の計画よりも相当前倒しで、育成が進んでおり、その関心と情熱の高さには、CDOとして大変勇気づけられました。

たとえば、ビジネス人財でデジタルリテラシーのある人財は、当初は、2025年までに200人程度と計画していましたが、現在では、社員のほとんどが、自ら学び、

**味の素の経営変革——企業価値向上プロセス(DX)**

デジタル・アルゴリズム(AI)で見えない資産を
見える化し、企業価値向上プロセスを回す

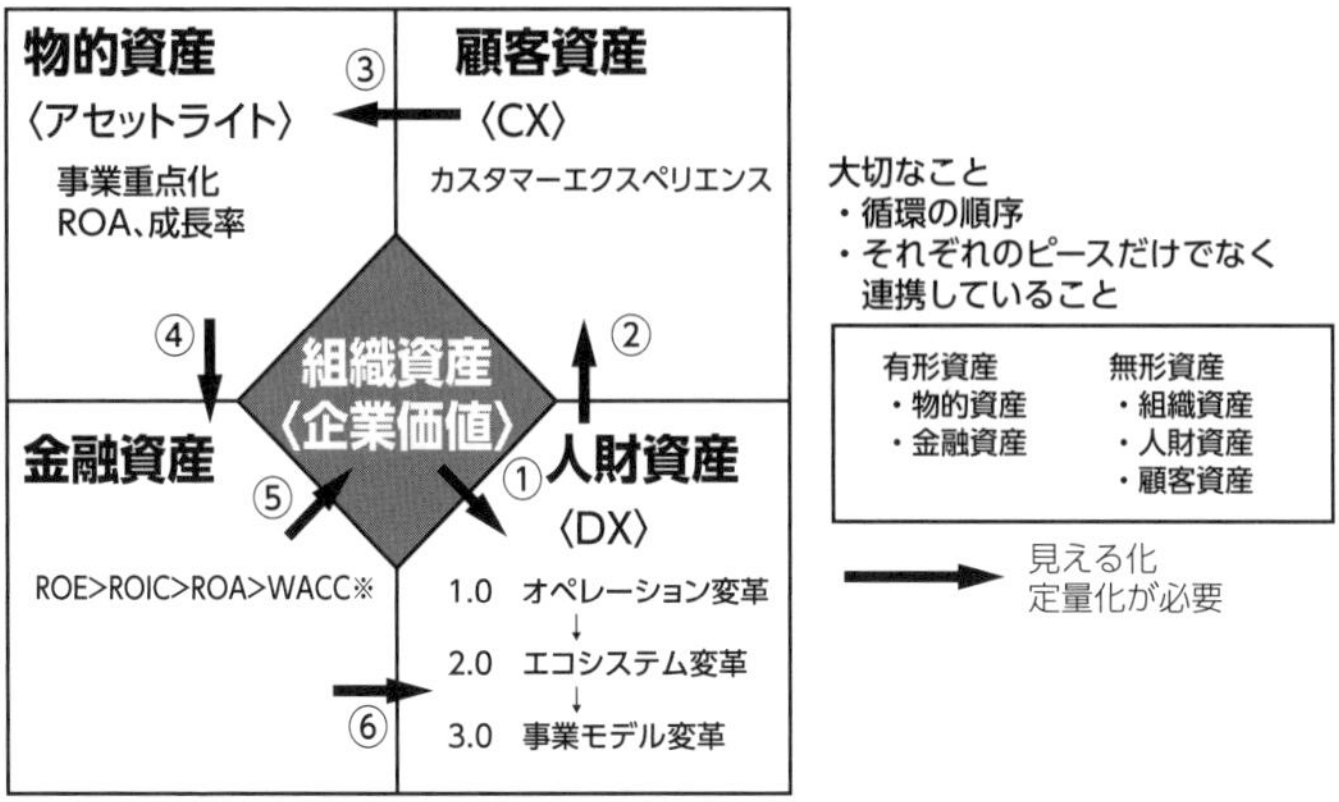


※みさき投資『みさき黄金比®』

デジタルリテラシーを獲得しています。

このように、人財が整いつつある状況になった段階で、もう一度、西井社長とDXでどうやって結果を出し、組織風土を変え、それがどう結果を生むのか、コンセプトの議論を重ねました。

DX自体、味の素にとってもはじめてでしたので変革のペアである2人が、いかにデジタルの土俵で共通の経営概念に立てるかが、最重要課題です。たどり着いたのが、上図に示す、DXによる企業価値向上のビジネスサイクルの可視化と高速回転化です。

企業価値の向上サイクルは5つの資産の流れで表すことができます。

このとき、3つ無形資産をデジタルによる数値化によって見えるようにできると、このサイクルをより効率的に高速で回転させることが可能になります。

それぞれ、組織資産はエンゲージメントサーベイ、人財資産はＯＥによる付加価値向上などの数字、顧客資産はＬＴＶ（ライフタイムバリュー）などの数字で可視化することができます。加えて、物的資産をＲＯＡと事業の成長率でコントロールし、アセットライトやポートフォリオマネジメントをしっかり行うことで、膨張ならぬ、成長が実現できることがこの図1枚で表現できています。

無形資産の向上は、ＲＯＩＣの分母である投下資本をほとんど増やさずに分子である利益を増やすので、ＲＯＩＣ向上には大きく効いてきます。また、物的資産をいかに効率的に活用するかということもＲＯＩＣ向上に直結します。ポートフォリオマネジメントと併せることで、これまでも取り組んできたアセットライトに直接繋がることになりました。

加えて、組織資産を可視化するために、グローバルに全組織が毎年エンゲージメントサーベイを行い、ＤＸのＫＰＩとして向上に努めることを西井社長のイニシアティブで決定しました。

こうして、準備してきたＤＸですが、最後に西井社長と決めたのは、ＤＸのＫＰＩを全社のＫＰＩと同一としてシンプルにすることでした。

これまでの味の素では、プロジェクトが乱立し、それぞれがバラバラなＫＰＩを設定していました。結果として、全社で集中的に追いかけることができない数のKPIで社内は溢れてしまいました。また、決して当たることのない売上や利益数字を中期計画のKPIにすることも問題でした。このような傾向は味の素だけでなく、多くの日本企業で見られるのではないでしょうか？それに対して、パーパス経営の求めるところは、志を決めて、「わくわく」「ならでは」「できる」の精神でふらつかず、シンプルにやり抜くことです。

そのパーパス経営を実行するために、味の素では全社の中期計画から売上や利益などの規模のKPIを除き、これらの数字に振り回されることをやめました。

その代わりに、会社と社員の成長度合や変革度合がよく見える、ROIC、オーガニック成長率、重点事業売高比率、従業員エンゲージメントスコア、単価成長率の5つのKPIを設定し、これまで可視化されることがなかったブランド価値やブランド強度スコアも重要なKPIとして加えました。

次は、企業白書2022に掲載された西井社長の主な発言内容です。

**あえて規模のKPIは捨てた**

2020年2月に作成した中期経営計画では、ROIC、オーガニック成長率、重点事業売上高比率、従業員エンゲージメントスコア、単価成長率の5つの財務・非財務の重点KPIを公表しました。

日本の上場企業の中期計画としては、規模の目標を掲げず、主要事業のROICと資本コスト（WACC）目標を開示することは、あまり例がないと思います。

規模のKPI志向は、長年にわたり醸成されてきた企業文化そのものだと言えます。

そのため、資本コストを上回るROIC重視の収益方針への転換にあたっては、企業文化を変革しなければならないと強く決意しました。

## リーダーがボトムに下りる「逆ピラミッド構造」

企業の構造は平時には、社長をトップとしたピラミッド構造が安定しています。しかし、**DXのような構造変革時には、社長がボトムに降りてくることが重要**です。

社長が変革を支える強い決意を示し、その上にCDOや変革チームがぶれないスケーラブルなフレームワークで戦略を推進する必要があるでしょう。ですから、その強固な2構造の上で、役員以下の従業員が、自分ごと化して変革を実行するという逆ピラミッド構造が理想です（次ページ図）。

## 経験からわかったDXの推進に必要な「逆ピラミッド構造」

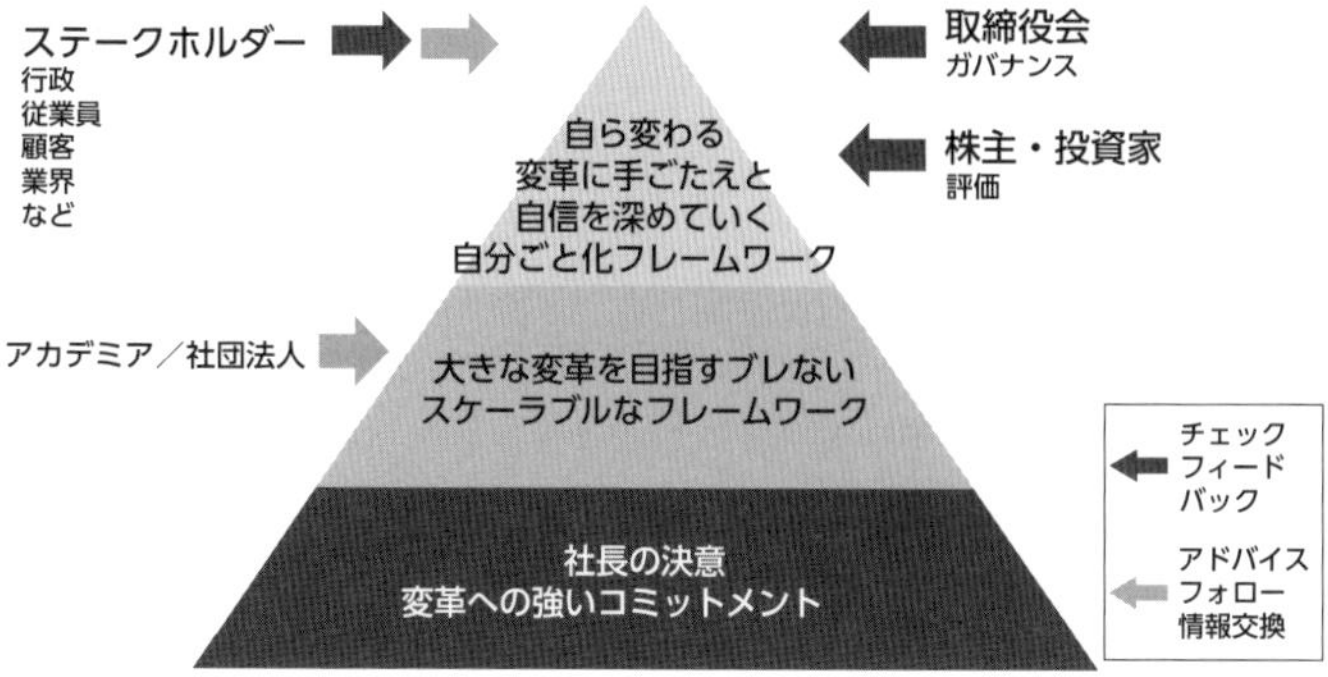


## 良い組織風土・文化を基盤に会社を変えていく

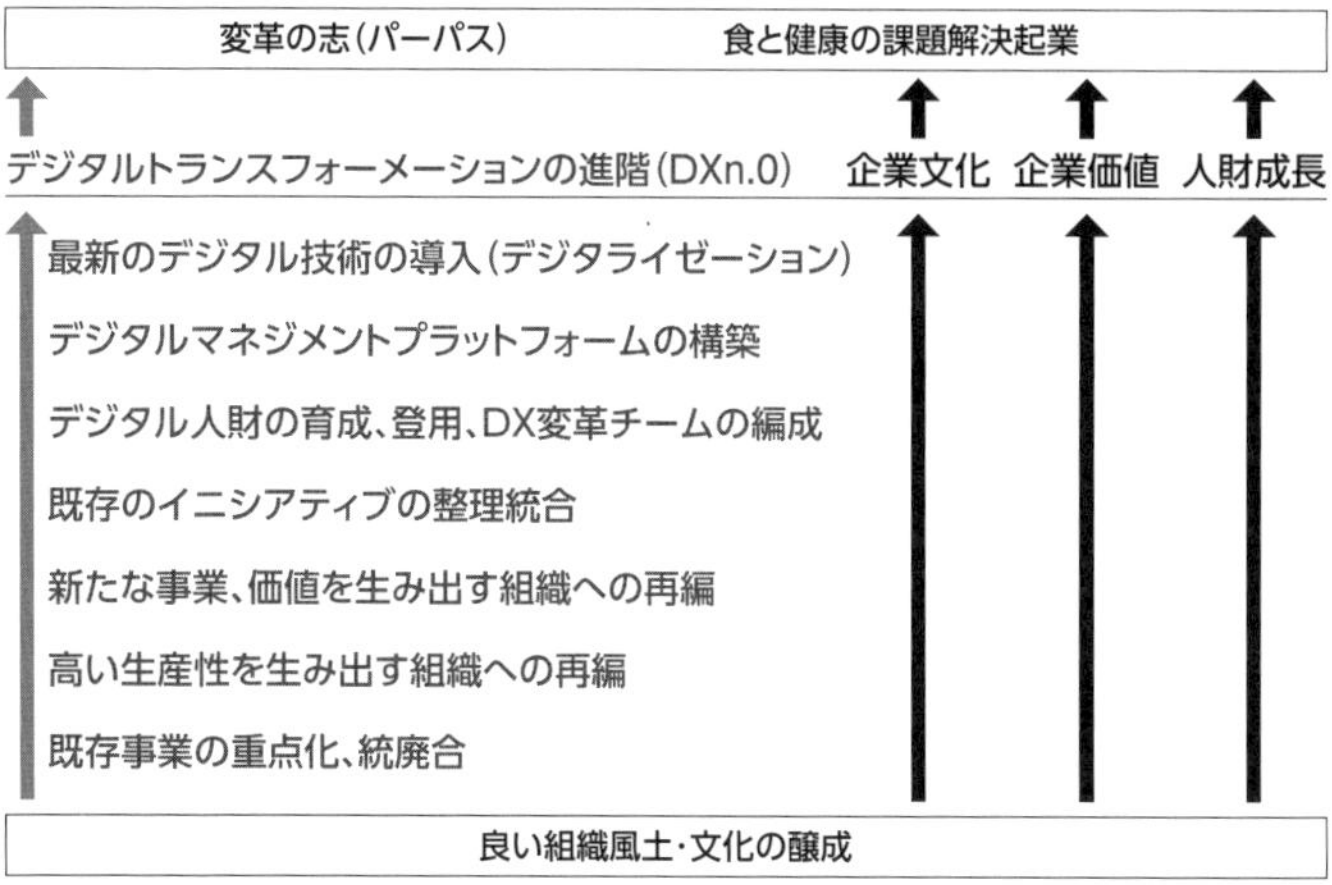

加えて、取締役会は変革プロセスに対して適切なガバナンスを効かせる必要があります。また、プレッシャーのかかるCDO変革推進チームには、経験豊かなアドバイザーも必要です。

DXは、事業ポートフォリオの変革や組織統廃合、人事諸制度の変更、社員の新たなスキル獲得へのチャレンジなど、非定常のチャレンジの連続体となります。

ときには、激しい動揺が、組織を襲うこともありますし、つらい選択が必要なときもあります。そのような試練を乗り越えてこそ、ヒトや組織企業は成長し、そこに逞しい風土と成果が蓄積されていくのです。このチャレンジに躊躇している暇はありません。DXの大波はすぐこまで押し寄せているのですから。

サイドストーリー

## SCALE AND IDEASモデル

「SCALE AND IDEASモデル」をご存じでしょうか。私はこのモデルを知ったとき、一瞬で飛びつきました。

なぜなら、このモデルは、MTP（変革の大義／パーパス）を設定し、デジタルテクノロジーをてこにしてDXを推進するだけでなく、DX人財サービスをできるだけ外部のリソースで活用できるようにデザインされているからです（次ページ図）。味の素のように、自社にデジタル人財やリソースを多く持たない企業には、まさにうってつけのモデルです。

SCALEは人間で言えば右脳に相当し、創造性や成長、不確実性をコントロールする部位です。SCALEはそれぞれ、

**S　高度スタッフはオンデマンドで活用**

**C　コミュニティとクラウドを活用して情報を得て**

**A　アルゴリズムを開発して、データを利活用する**

**L　デジタルネイティブ企業を活用し**

**E　従業員エンゲージメントを高める**

という構成です。IDEASは、左脳部分に相当し、秩序、管理、安定性をコントロールします。それぞれ、

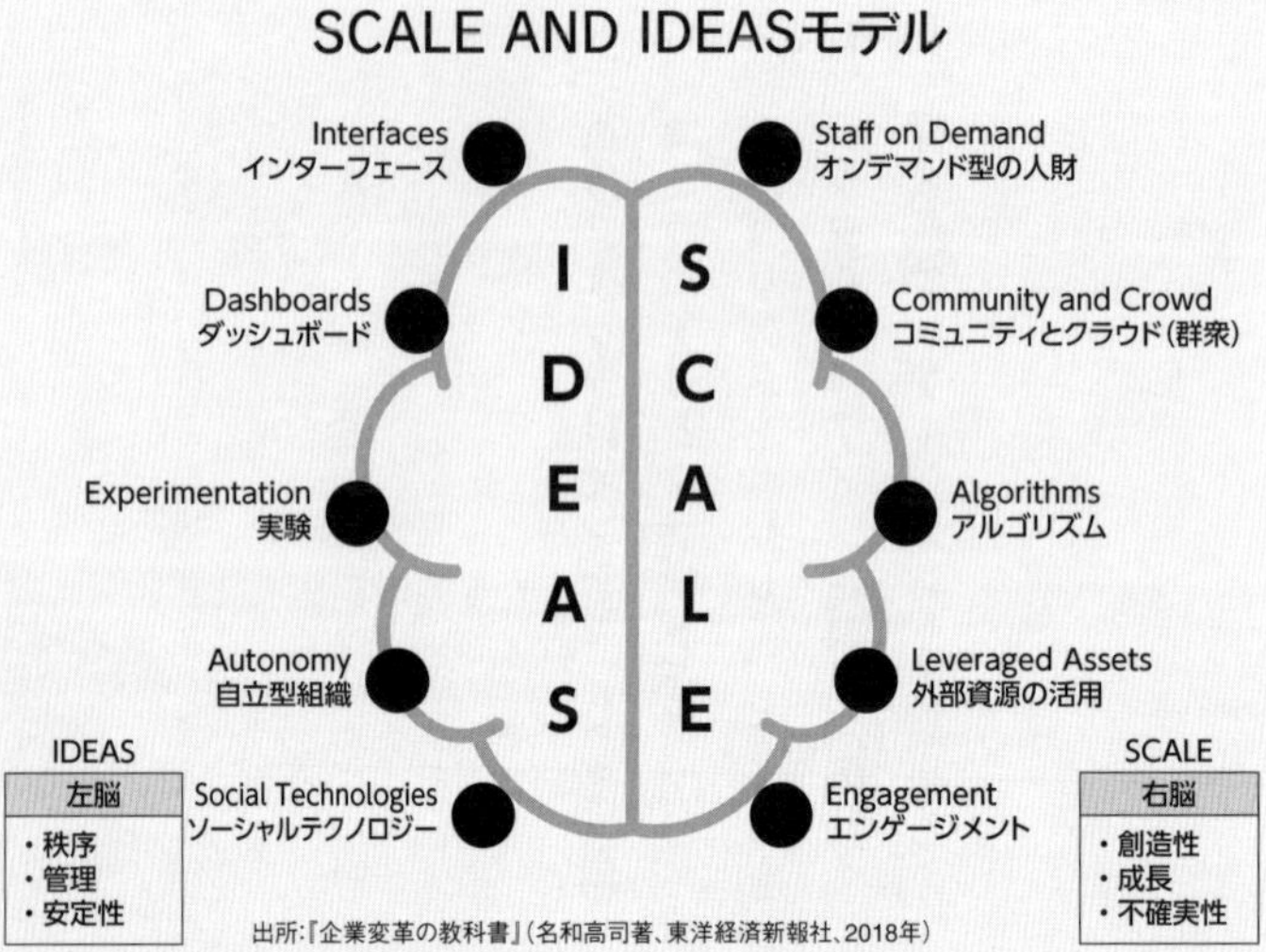

出所：『企業変革の教科書』（名和高司著、東洋経済新報社、2018年）

**I　インターフェースを開発してシステムを使いやすくし**

**D　ダッシュボード化したデータをオンデマンドでチームと共有化**

**E　開発では実験を重んじ**

**A　組織を自立化させ**

**S　インターネットなどを通じての社会とのコミュニケーション、情報交換を重視**

の構成です。

実際、社外にはたくさんの高度なDX技術者やサービスプロバイダーがいます。それらのレベルまで自社の技術者や技術レベルを上げることは、デジタルを本業とする企業以外は必要ありません。

SCALEとIDEASをどのように、MTPの実現のために使うのか、その実現プロセスで、従業員や顧客、社会などのステークホルダーとどうコミュニケーションし、自社のオリジナリティを発揮するのかに私たちは注力すべきなのです。

第三部

# 未来への来光

私たちは過去から学び取れているでしょうか。同時に、未来へとそれを繋げられているでしょうか。

会社を変えることに成功し、どんなにいい「今」を手に入れたとしても、再びそれが安住の地になってはいけません。

大事なことは、私たちがバトンを渡す次世代も同じように「志」を持つことです。

「今さえよければいい」という考え方は、もはや通用しません。これからの私たちに求められるのは、常に未来を創造し続けることです。

戦略も意志も手に入れた皆さんと、最後に未来について少しだけ語り合いたいと思います。

第八章　将来、私たちはどういう会社になりたいか

## 次世代にバトンタッチする

変革開始前、一時は株価が1600円台に沈み、時価総額は1兆円を割っていました。全3年、実質2年という短い期間ではありましたが、社員が一丸となって努力した結果、KPIや業績、エンゲージメントも大幅に向上し、その後も成長を続けています。今では、味の素の株価は5000円を大きく超え、時価総額も3兆円に達するまでになっています。アナリストの予想、みさき投資の予想をも超えた成果を出すことができました。

加えて、3年間で味の素はDXをレバレッジに変革を成し遂げ、多くの成功とともにパーパス経営に移行しました。

## 2021～2022年に急成長を遂げた味の素

| | | | FY19 実績 | FY20 実績 | FY21 実績 | FY22 実績 | FY22 中計時目標 |
|---|---|---|---|---|---|---|---|
| | | | | FY20-22 フェーズ1 構造改革 | | | |
| 財務指標 | 効率性 | ROIC（>資本コスト）<br>（ ）：除く構造改革費用 | 3.0%<br>(約6%) | 6.9%<br>(約8%) | 7.9%<br>(8.5%) | **9.9%**<br>**(10.8%)** | 8% |
| 財務指標 | 成長性 | オーガニック成長率<br>（前年比） | 0.3% | ▲0.6% | 6.8% | **9.5%** | 4% |
| 財務指標 | 重点KPI | 重点事業売上高比率 | 66.5% | 66.6% | 68.7% | **68.7%** | 70% |
| 財務指標 | 重点KPI | 単価成長率（前年比）<br>（海外コンシューマー製品） | 約5% | 2.8% | 4.8% | **11.9%** | 2.5% |
| 未財務指標 | 重点KPI | 従業員エンゲージメントスコア<br>（"ASVの自分ごと化"） | 55% | 64% | 61% | **62%** | 70% |
| 未財務指標 | ブランド強化 | ブランド価値（mUSD）<br>（InterBrand社調べ） | 780 | 926 | 1,208 | **1,391**<br>（対前年+15%） | CAGR7%を目途とする |
| 未財務指標 | ブランド強化 | ブランド強度スコア | 56 | 58 | 59 | **59** | 主要12カ国毎のスコアアップ |

"ASVの自分ごと化"＝ASVの実現に向け従業員1人1人が自律的に行動できている状態　Note：オーガニック成長率と単価成長率は、それぞれ2021～2022年度、2024～2025年度における目標成長率。オーガニック成長率：為替、会計処理の変更およびM&A ／事業売却等非連続成長の影響を除いた売上高成長率。単価成長率：海外コンシューマー製品について、国、カテゴリー毎の前年度からの単価伸び率を売上高による加重平均で示したもの

出所：味の素株式会社発表資料

このあいだ、ガバナンスの強化も行われ、監査役会設置会社から、指名委員会等設置会社になりました。また、各委員会の委員長と取締役会議長が社外独立取締役になり、ガバナンスが効くようになりました。同時にサステナビリティ体制も整え、パーパス経営を主軸として、ガバナンスの整ったバランスのとれた経営となりました。

一度どん底にまで落ちた味の素はこのようにして復活を遂げました。そして現在では、西井社長と私の時代からレベルがさらに一段上がった、次世代の経営に真っ向から挑戦しており、かつての暗い面影はないように感じます（上図）。

変な伝統に縛られない志を継ぐ者たちが出てきたことは非常に喜ばしいことです。

## 2050年の未来から

変革の同志であった児島CIOが現役時代から始めた2050年からのバックキャストは白神浩現取締役代表執行役副社長・CIOに引き継がれ、未来に向けて、味の素の成長の4領域が発表されました（次ページ図）。

これらの領域は、間違いなく将来に向けて大きく成長する領域です。しかし、それだけに多くの競争が起こり、産業構造は大きく変わっていくでしょう。

今の計画では、2030年の時価総額は、一昔前までは想像もできなかったくらいに大きくなることが予想されます。是非、味の素のDNAを大いに活性化し、それを凌駕する成長を実現していただきたいと思います。

未来は今の現役の手中に、強いて言えば、若者の手中にあるはずです。西井社長と私が2030年の未来からのバックキャストを始めたころ、名和先生は2030年では直近すぎる、今はもう2050年からバックキャストすべきだと言われました。

たしかに、あれからすでに4年が経とうとしている2024年現在では、2030年までにあと6年しか残されていません。はるか彼方に思えた2050年も時が経てば、意外

味の素グループの4つの成長領域

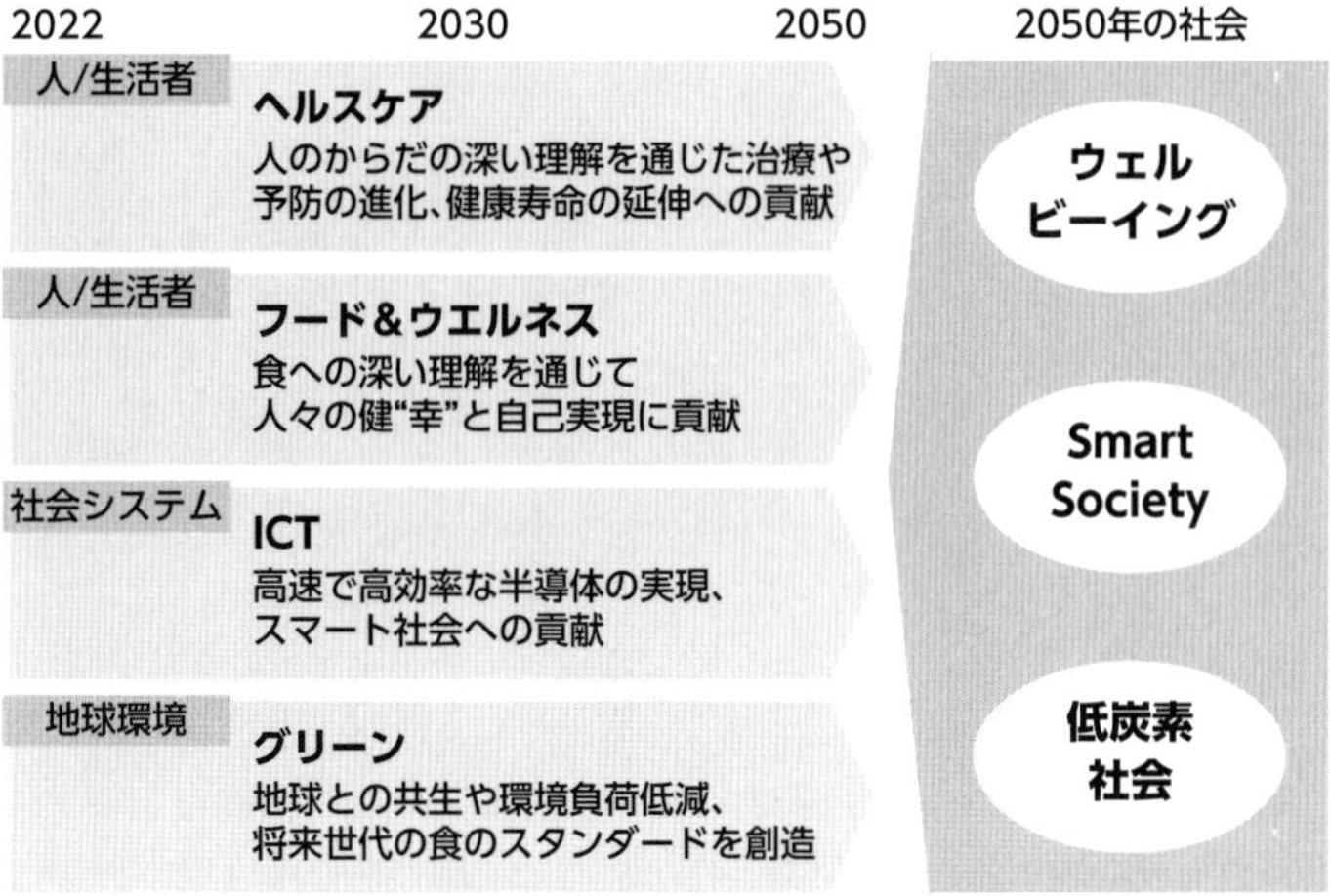

出所：味の素株式会社発表資料

に早く来たなと思える日もやがて来るでしょう。そのときには、今の若者は、すでにベテランになっています。

1つだけ、今から2050年に向けて着実に手を打ちはじめた壮大なプロジェクトがあります。俗に言うムーンショットクラスの壮大なプロジェクトです。

それは、空気からアミノ酸をつくり世界中に供給することです。ご存じのように、太古の宇宙空間や地球の大気中で、アミノ酸や核酸は誕生したと言われています。空気には、アミノ酸の合成に必要な、窒素、酸素、炭素、水素が安定ガスとして存在しています。ここからアミノ酸を合成するには、いかにして安定形であるこれらのガスを原料にエネルギー効率高く合成できるかがキーポイントになります。

これが実現すると、空気中の炭素源である二酸化炭素をもとに、空気中の窒素と水素から水素菌という特殊なバクテリアなどを用いることができるため、アミノ酸を発酵法で作ることが可能になるのです。

空気中の窒素とバイオ資源由来の水素から安価なアンモニアを合成する技術はすでに工業的に完成レベルにあるため、あとはいかにして空気中の二酸化炭素と水素から効率的にアミノ酸を作れるかが技術的なブレークスルーポイントとなります。光合成などの技術が今後、実現すれば、その応用を考えることもできるでしょう。

パーパス経営の主体者は、「ワカモノ」「バカモノ」「ヨソモノ」だと名和先生はおっしゃいます。これらの人たちが、現状の限界を超え、新たな価値を実現していくのです。新型コロナウイルスやウクライナ問題で明らかになったように、2050年に向けて、食糧やエネルギーのサステナブルな供給が人類の大きな課題になっている現在、味の素こそが、この人類の難題を解決するために、革新的でサステナブルなアミノ酸の供給を通じて、社会に貢献すべきと私は考えます。またそれらのアミノ酸を応用したサステナブルな食品、化成品、電子材料などの商品は人類を救うはずです。

なんといっても、人間の体はほとんどがアミノ酸と水でできているわけですから、サステナブルなアミノ酸を供給し続けることが、人類を救うことになるのは間違いありません。

「将来、私たちはどのような会社になりたいか」と未来のパーパスを聞かれたときに、私は「味の素の将来を支える現在の若い諸君にゆだねるしかない」と答えます。

おそらくは、味の素のDNAとして深く刻まれた、「アミノ酸のはたらき」や「アミノサイエンス®」の力をさらに時代のニーズに応じて、発展させた概念になるのではと私は考えています。もしかすると将来の味の素人財は、さらに大きなスケールで事業を考えているかもしれません。創造するだけでワクワクしてきます。

## すべてを引き受ける

「社長になってもなにもいいことがない」

これは、私が社長さんたちから、こっそりとしたつぶやきとして、よく聞く言葉です。

「そんなバカな!」と思うかもしれませんが、本当のことです。社長は企業のトップです。会社のヒエラルキーのトップに立つ責任は重大ですが、同時に地位や名誉、報酬もダントツであり、たとえ苦労してもその苦労が報われるはずのポジションです。そんな社長さんが、弱音とも思えることをつぶやくのは、大抵、過去の「ツケ」に関することです。「今、いろいろな問題が起こっているのは、過去の経営のツケが回っているのであり、私には責任のないことだ。それでも社長として一生懸命やろうとしているが、とてつもない重荷になっている」という思いが、ふとした瞬間に吹き出てしまうのです。私も、何度も同じ思いをしてきたので、その気持ちをよく理解できます。

だからこそ、私はそのようなときに社長さんに、「夢を諦めないで」というメッセージを伝えます。実は、**夢を諦めないことには秘訣があります。それは、すべてを引き受ける覚悟を持つこと**です。現在から未来を引き受けることは社長なら当然ですが、なかなか難しいのは「過去」を引き受けることです。

「過去」についても責任を持つと聞かれたら、皆さんはどう思うでしょうか。私は、この本でこれまで「未来」、「夢」の話を主にしてきました。しかし、実は、「過去までしっかりと引き受ける」覚悟がなければ、「現在」と「未来」に対しても明解な方針、戦略、ビジョンを出すことは難しいのです。

社長ばかりではありません。どんなに小さな組織でも、その組織のトップ、リーダーに必要なことは、この「過去も引き受ける」覚悟なのです。「それは過去のことだ、私の責任ではない」という上司をあなたは信じるでしょうか。おそらく信じないでしょう。

うまくいったことは「あれは私がやった」と言う人が多いでしょうが、失敗したことを「あの失敗は、私がした」と逃げずに言う人はあまりいません。

そう書きながらも実は私も何度も職場の失敗を「過去」あるいは、ほかの人に押しつけようとしてきました。思い出せば、実に恥ずかしいことばかりです。しかし、そんなごく普通の私にも、「過去」を引き受け、自分の責任で「現在と未来」を切り拓いていくことの重要さに目覚める機会がありました。

そのときの私は、30代半ばでアメリカから味の素の伝統工場である当時の川崎工場に戻ることになりました。異国の地で苦労しながらも実績をあげ、同期のなかでも頭角を現しはじめたころで、私を呼んでくれた職場の課長職も私が心から敬愛する上司でした。久々の日本の職場で、しかも味の素の主力の川崎工場で、なかでも当時は最大の陣容を誇るアミノ酸の製造課に係長として戻った私は、次期課長と目されていました。

ところが、そのアミノ酸の製造課は、実は問題だらけの職場だったのです。工学部出身で、こと製造に関しては合理的なアプローチでそれまで実績を上げてきた私は、目の当たりにする不都合な現実、トラブルの連続に的確に対応できないでいました。併せて、久々の日本でのあらゆる非合理的な「ごちゃごちゃ」した状況にノイローゼ気味になり、若いのにストレスで耳が聞こえにくくなり、痛風も発症しました。1カ月間も杖をついて、バブル時にやっとの思いで買った中古マンションから2時間かけて通勤していたのです。

正直、心が折れそうでした。製造現場がトラブルだらけなのに、トラブルを修正するお金もなく、ベテランは自動化技術に弱く、中間層もいないので、極端に若年化した若手18～20歳くらいの課員を製造現場のオペレーターに起用していました。

若手は自動化技術は早く覚えられますが、オペレーションの原理原則や社会人としての総合的な訓練は未熟なため、結果として事故やオペレーションミスが絶えない職場だったのです。

それにもかかわらず、当時の川崎工場長は、「補修費半分」にこだわり、お金を一切出してくれませんでした。現場のポンプは壊れ、床は水浸し、おまけに塩酸を多用する職場で、計装機械は壊れ、ただでさえ中途半端な自動化は錆びて動かぬ自動化になってしまっていました。

結果、本来自動であるべきオペレーションが、いつもマニュアルに切り替えられ、切り替えミスも定常化し悪循環を起こしていました。

あるとき、会社の帰りに痛風で杖をついて駅までトロトロと歩いている私に、工場の別職場のベテランと若手2人が距離をとりながら追いついてきました。そして、私に聞こえないと思ったのか、2人が会話を始めました、「ああいう風にはなりたくないよな」。ショックでした。

弱り目に祟《たた》り目で、覇気もなくだらしなく見えたのでしょう。夜中には、自宅のＦＡＸが音を立てていました。私がトラブルは夜中でも報告するようにと言ったからです。ある日曜日には、ゴルフ場の入り口に、立て看板があり、「味の素の福士さん、職場に至急お電話ください」と書いてありました。

雨が降ると、農作業のように、道路の側溝にある穴に私はゴム栓をして、その雨水が一気に排水処理場に流れないようにしました。場内アナウンスで雨の度にゴム栓の指示が放送されるのです。

また、我がアミノ酸製造課がトラブルで製造工程の液を流出させる度に、次のようなアナウンスが流れました。「アミノ製造課のトラブルで排水処理工程の能力が不足したので、全工場のオペレーションを停止します」。その度に私の心は凍りつきました。当然ながら、工場内のほかの職場からは、冷たい視線を浴びますし、管轄のアミノ酸事業部からは強いクレームが出されます。

本当に、心から「こんなことになるなら、いくら尊敬する上司のところとはいえ、こんなところに来るべきではなかった」と考え込んでしまいました。ただ、アメリカ帰りの自分はそう感じていたのですが、製造現場のオペレーターは、もっと嫌な思いをしていました。製造現場は、3交代で24時間動いているのですが、製造現場の課員のほぼ全員が3交代の引き継ぎが嫌で嫌でたまらないというのです。

引き継ぐときに、なにが起こっているのか予想もつかない。引き継ぎが正確でないので、きちんと対応できない。それもそのはずです。当時は、コスト削減のために、補修費半分、自動化は半端でマニュアル操作、しかも、コストカットで製造現場の人を半分にして、生産量を倍にするような無茶苦茶な方針で運営されていました。根性論と言えばそれまででしょうが、根性論、精神論を超えて、たとえるなら、「竹やりで戦えと言うのか?」みたいな大きな疑問が、製造現場に染みついていたのでした。

このような**「問題職場」には、誰にも明確な責任意識がないのです。すべてが他人、過去の責任、全員が被害者**です。

そんな状況が続くなか、あるとき、上司の部長に呼ばれました。なにかと思ったらいきなりお説教です。「お前は期待されている人財だが、まったく期待に応えられていない」。私は、我が耳を疑いました。「私だって今がいいとは思っていない、しかも改善の計画をすでに立てて、実行しつつある。今のトラブルは私の責任ではない。明らかに過去のツケだ」そう思う私がいました。

ですから、心のなかにたまっていたあらゆる反論をその部長にしました。しかし、一向にわかってくれません。私は、自分のことよりも製造現場、特に未来を背負う若手が気になってしかたありませんでした。この人たちのために、もっとお金を使って、もっとやり方を変えて……といろいろなことを部長に言いましたが、一向に通じません、いつしか、私の目には大きな涙の粒がながれ、やがて大きな嗚咽《おえつ》になってしまいました。

当時の川崎工場の事務所には、大勢の部長がいました。そんななかで、製造部長である上司に説教されて泣いている、まるで未熟な子供のようにまわりからは見えている情けない自分が、そこにいます。涙を止めたくて、恥ずかしくていたたまれなくなりましたが、そんな気持ちに反して悔し涙も嗚咽も止まりませんでした。

会社人生で泣いたのは、このときだけです。「とても理解のない部長」と一瞬恨みましたが、実はとんでもない誤解でした。製造部長である上司は、私の心理の裏の裏まで見ていたのです。そのときに言われたことは、**「本当に仕事のできる課長は暇になるんだよ。あんたは忙しく振舞っているが、実は本当の仕事をしていない」**。頭ではわからないことはないのですが、やはりどこかで、「それは自分の責任じゃない」「工場長が補修費を半分にしたせいだ」「歴代の課長が、現場の自動化をきちんとやらず、人を減らし、教育も十分でない若手ばかりを製造現場に配属したから」だと思っていたのです。

その後、製造部長からはいろいろなフォローを受けました。なかでも、推薦してくれた中村天風の『運命を拓く』（講談社・1996年）を読んだときには、心が洗われる思いでした。本書ですべてを解説するわけにはいきませんが、あえて一文で簡略化してご紹介すると、「運命は、努力によって変えられる（拓ける）。変えられないものは天命である」ということです。

運命を拓くとは、「どんなに問題の多い職場でも、自分（自分たち）の力で絶対によくできる、それが運命であり、変えられる」ということなのです。

一方、天命は変えられません。そのとき、私が気がついたのは、「過去は変えられないから、過去は天命に違いない」ということです。この天命である過去から目を逸《そ》らし、先人のせいにして、過去の責任を引き受けていなかった私は、天命を受け入れていなかったことになります。過去を天命として受け入れ、引き受け、それをよくすることこそが私の運命だと思えたのです。

## 誰しも運命を拓く力を持っている

それでも、その当時の私は、現状を改善するにはリソースがなにもないと思いました。

ヒトも、モノも、カネもない。それで、このアミノ酸製造現場がよくなるのか？　運命は本当に拓けるのか？　という疑問が残っていました。

その答えも出せないままに、なにかを始めなければならないと思い、自分1人でもできる現場の掃除をやることにしました。早朝に起きて、アミノ酸製造課に日勤として朝一番乗りで現場のゴミ拾いや掃除を4年間毎日やりました。まるでお寺の僧侶のように、ただひたすら、無心に掃除をやるのです。

つまらないことのように思えますが、現場の掃除経験は宝の山でした。まず、驚いたのは、工場がゴミ捨て場のように汚かったことです。ゴミは捨て放題。拾ったゴミのなかには漫画、雑誌、テニスボールなどあらゆるゴミがありました。

現場のオペレーターは、ゴミを拾わずに床を水で洗い流しているだけだったので、ゴミが工場の隅にたまる一方でした。心ではきれいにしようと思っても、上の人間がカネもかけず、人を半分にしてトラブル対応ばかりさせるため、こんなんで掃除なんかやっている暇なんかないよ、という心の叫びが聞こえてくるのです。

塩酸を使う職場でしたから、建屋や機械が錆びてボロボロでした。天井から落ちる錆やゴミは厚さが2～3センチになって機械類の上に積もっていました。現場の階段は、錆びて穴が開き、下手したら突き抜けて怪我しそうな状況です。その階段の手すりは、安全上、本来は手で体を支持（三点支持）しながら、上り下りすべきなのですが、手が汚れるため、誰も手すりに手を触れていませんでした。職場の入口は雑草が生え、部屋も暗く、まるでお化け屋敷のようでした。

こんな環境で、まともなオペレーションをしようとしても気力が湧くわけがありません。毎日、課長である私が掃除するので、しばらくすると製造現場の人たちも声をかけてくるようになりました。毎日掃除にくる課長など、それまで見たこともないのですから、とにかく驚かれました。石の上にも三年とはよく言ったものです。最初は、「いくら掃除しても、また錆が落ちてくるから無駄だよ」と言っていた人たちもそのうち、「ありがとうございます」と言うようになり、「自分たちでやりますから」と言ってくれるようになります。

また、掃除だけでなく、現場のオペレーションの問題点や職場の組織風土の問題、そして個人的なキャリア形成の悩みなどなんでも相談してくれるようになっていきました。私はたしかに、自分の運命を拓く力を持っていましたし、課員も自分たちの職場をよくする力を持っていたんだとこのときはじめて確信できました。「持っている」感覚です。

このときの新人オペレーターだった多くの課員がその後、管理職になっていき、味の素の生産現場を支える人財になっていきました。もちろん、その後、アミノ酸製造課のやる気が認められて、ヒト、モノ、カネを集中的に投入するプロジェクトが発足したからこそ、大きな成果を出すことができたのですが、運命を拓くきっかけは、このように自分や自分たちの組織がそれを切り拓く力を本来持っていることに気がつくことにあったのです。

頭だけでは気がつかないことです。五体五感を動かしてこそ、実感できる気づきです。そして、その気づきは、「過去をも引き受ける」覚悟があってこそ生まれてきます。「問題職場」だからといって、すぐに嫌にならない、問題会社だからといって嫌になって簡単にやめたりしない。せっかく、社長になってもなにもいいことがないと思わない、未来志向の「夢」を諦めないエネルギーがふつふつと湧き上がってくるのです。

## 私たち「変革のペア」の旅路

西井社長と私は、「変革のペア」としてリーダーシップを発揮し、味の素を大きく変えることができました。異質の能力を持ったがペアが覚悟を決めて取り組んだからこそ、できた仕事です。

その覚悟とは、2021年度で変革をやり遂げ、2022年の株主総会ではきれいさっぱり引退し、次世代にバトンタッチするというものです。

味の素の社長は、歴史的に社長退任後も会長として君臨し、人事権を含め大きな影響力を発揮してきました。もちろん、名誉や生涯収入を考えるとてつもなく大きな権益です。それらをすべて捨て、次世代の経営が伸び伸びと力を発揮できるようにとの配慮と決断を私や取締役会一同は驚きと称賛をもって迎え入れました。

私はと言えば、実は、2021年に、「自分と一緒に降りてくれ」と西井社長に頼まれたときには、内心面白くはなかったのですが、「次世代に気持ちよくバトンタッチしたい。自分は会長として残らない」という西井社長の潔さに惚れて、この変革のペアで残り1年やり切ろうと覚悟を決めて変革に邁進したのです。こういったところにも西井社長のリーダーとしての資質が垣間見えます。

私は最後の1年で、現役の役員として事実上はじめての他社の社外取締役や顧問などの兼務を始めました。また、CDO Club Japanでも活発な活動を継続しました。

西井社長は、引退後1年間は、ザ・コンシューマー・グッズ・フォーラムに集中していましたが、2年目からは、他社からの要請を断り切れず、社外取締役の仕事を始めました。ある会社で、「当社も味の素さんがやったような変革をしたいので、いろいろご指導願いたい」と頼まれたときに、「味の素には、ジャイアンがいたから大きな変革ができた」と西井社長は答えたそうです。

私は、自分のイメージをどちらかと言えば、半沢直樹かな？　と思っておりました。自分のアミノ酸事業部時代の奮闘ぶりを、社内の友人に話したときに、「半沢直樹みたいだね」と言われたからです。

西井社長がそう答えたときに、先方の社長は、「うちにもジャイアンはいるから大丈夫」と言ったとのことでした、さて、ジャイアンにせよ、半沢直樹にせよ、1人での変革というのはなかなかなか難しいと思います。大きな変革を成し遂げるには、社長と異質の能力をもった変革のペアが、覚悟を持って取り組む必要があるでしょう。

覚悟をもって、味の素の変革の仕事を終えた、私たち変革のペアですが、しばらくは、それぞれの「経営道」を追求する旅路を続けることになりそうです。

※出典表記のない図は、著者が本書のために作成したもの、または講演のために作成したものです。

# おわりに

日本企業は、もっと「夢」を持つべきだと考えています。大事なことですので、もう一度言いますが、日本企業の失われた30年は、企業が、特にその経営者が「夢を失った30年」です。

味の素は、この四十年余、学生の就職希望ランキングが高い企業でした。とりわけ理系、特に女子学生には、常に圧倒的な人気がありました。直近では、文系の学生にも超人気企業になっています。その一方で、実は味の素の一部の職場では、世間同様に入社3年目までの離職率が高まっており、問題になっています。

なぜ、就職希望ランキングの高い企業に入っても配属先によっては、すぐやめてしまうのでしょうか？　それは、その配属先にいると、「自分の夢が叶えられない」と感じてしまうことが原因に思えます。

「私はどうだったのか？」と聞かれると、理系として、当時のトップ人気だった味の素に入社したのですが、30年以上、配属先は「自分の夢が叶えられそうもない職場」でした。どうしてやめなかったのか？　と思われるでしょうが、それは、いつも遠い先の夢を見ていたからです。

夢の視線が近視眼的であれば、いろいろな雑物が気になり、それにとらわれてしまいます。これは、人間の1つの特性だと思うのです。しかし、遠くを見つめて歩いていけば、雑物も気になりません。実際、混雑した駅周辺で、人にぶつからないで歩くベストの方法は、遠くに視線を据えて歩いていくことです。

私の思うような夢が、若者に通用する時代ではないかもしれません。しかし、若者は世の中を変えていく存在で、未来の選択権は常に若者にあります。

日本の経営者、特に伝統企業の経営者は、この30年間、若者に夢を見させるような経営をやってきたでしょうか？　いつも、近視眼的な雑物のような目標を突きつけてきませんでしたか？　そうだとすると、反省すべきでしょう。味の素が大いに反省しなければならなかったのは、実はこの点なのです。

企業を変えるのは、ワカモノ、バカモノ、ヨソモノであると名和先生は言います。この人たちには、ぜひ、既存の仕事の仕方のリボンを強烈にねじっていただきたいです。そのために、これらの人たちを惹きつけてやまない夢を与え続けるのが、経営者の最大の責任であるように思います。

逆に、これからの時代をつくる若者たちに伝えたいのは「夢を見る力」です。逆境のなかでも、「夢を捨てない勇気」を持ちましょう。現実のビジネスの世界では、答えは教科書には書かれていませんし、スマートフォンで検索しても見つかりません。自分で答えを探すしか方法はないのです。

ただし、1人で探す必要はありません。志をともにし、夢を共有する仲間たちが、必ず現れます。出会いは偶然に、突然にと言いますが、夢さえ捨てなければ、チャンスとともにいい出会いが必ず訪れます。

私は、ご支援する企業では必ず社長と一対一で対話の機会を持つようにしています。社長は、1人でリスクを背負い、1人ですべてを決め、1人で責任をとらなければなりません。夢を語るにも、信念と覚悟が必要なのが社長です。だからこそ、信頼できる相談相手が必要なのです。今後もよき相談相手となれるように、精進してまいります。

最後になりましたが、この本を執筆するにあたり、多くの味の素関係者のお世話になりました。厚く御礼申し上げます。

また、いつも熱心にご指導をいただいております、名和高司一橋大学ビジネススクール客員教授、神岡太郎一橋大学教授に深い敬意を表し、あらためて感謝申し上げます。DXの進め方を議論した多くのCDOの仲間たち、そして、CDO Club Japanの加茂純代表理事、水上晃理事・事務総長に感謝申し上げます。また、ROIC経営やポートフォリオ変革に対して、投資家の目線を丁寧にご説明いただいた、みさき投資株式会社の中神康議社長や経営幹部の皆様に感謝申し上げます。

味の素の変革のペアとして、ともに変革のリーダーシップを発揮し続けた西井孝明元社長（現特別顧問）に心からの感謝を申し上げます。このペアでなければ、味の素を変革することはできなかったと思います。加えて、本書のチェックを丁寧にしてくださった味の素の山田園様。本当にありがとうございました。

最後に、非常に熱心に本著の出版に向け企画、編集の実務にご尽力いただきました、ダイヤモンド社書籍編集局第二編集部の横田大樹編集長、そして、本書を世のなかに出すことを私以上に期待し、熱い情熱をもって編集にご尽力いただきました石田尾孟様に、深く感謝申し上げます。

最後に会社を変えるために必要な心得を掲載します。
本文の復習にもなっていますので、併せてご活用ください。

**会社を変えるための20の心得**

1　我慢してはならない。自分の感じた違和感に正直であれ

2　現状に甘んじてはならない。夢を掲げよ

3　立場にとらわれてはいけない。経営は「経営ができる人」がやるべし

4　組織のルールを変えるだけでは意味がない。組織文化・風土を変えよ

5　「異質の人材」を配置せよ。同質の人材だけでは組織は膠着する

6　1人で会社を変えようとしてはならない。「変革の同志」を集めよ

7　いきなり大人数からはじめてはならない。まず1人の仲間を見つけよ

8　スピードを大事にせよ。速さは熱意の現れである

9　収益性を上げることから逃げてはいけない。稼ぐ力を磨け

10　1人の天才に頼ってはいけない。それぞれの能力を集結せよ

11　パーパスを定めよ。パーパスは「自分ごと化」の原点である

12　プロジェクトは7分割せよ。最初から全部やろうとしてはいけない

13　「キロ単価」を上げよ。値下げ合戦に応じてはいけない

14　規模に惑わされるな。成長戦略と膨張戦略を履き違えてはいけない

15　流行に踊らされてはいけない。自社のDNAを見つけよ

16　リスクを恐れるな。何もしないことこそリスクである

17　結果を出せ。仲間はその背中に勇気づけられる

18　時代の変化に敏感であれ。これまでの常識を疑うべし

19　伝統を乗り越えよ。未来にしか正解はない

20　過去を引き受けよ。自ずと運命は拓かれる

［著者］

**福士博司**（ふくし・ひろし）

1958年北海道札幌市生まれ。北海道大学大学院工学研究科修士課程を修了後、味の素株式会社に新卒で入社。2004年には、働きながらUSQ（University of Southern Queensland）にてMBAを取得。アミノサイエンス事業を中心に社内で経験を積んだのち代表取締役副社長兼CDOに就任。味の素初のCDOとして全社のDXを成功させ、一般社団法人CDO Club JapanのJapan CDO of The Year2020を受賞する。現在は、味の素の特別顧問を務めながら、東洋紡株式会社、雪印メグミルク株式会社の社外取締役、株式会社メンバーズ経営顧問、株式会社ネイビーズクリエイション取締役（非常勤）に就任し企業変革の実践と、そのガバナンスを中心にサポートしている。そのほか、日本食品添加物協会会長や日本食品衛生協会副会長として食品業界関連のマネジメントを行っている。

メールアドレス：hfukushi.admirex.cedo@gmail.com

**会社を変えるということ**

――社員と企業が成長し続けるシンプルな本質

2024年4月23日　第1刷発行

著　者――福士博司

発行所――ダイヤモンド社

〒150-8409　東京都渋谷区神宮前6-12-17

https://www.diamond.co.jp/

電話／03･5778･7233（編集）　03･5778･7240（販売）

ブックデザイン―竹内雄二

ＤＴＰ―――ニッタプリントサービス

校正―――聚珍社

編集協力――山田園

製作進行――ダイヤモンド・グラフィック社

印刷―――新藤慶昌堂

製本―――ブックアート

編集担当――石田尾孟



ISBN 978-4-478-11954-9